建筑工人职业技能培训教材

建筑工程系列

木 工

《建筑工人职业技能培训教材》编委会 编

中国建材工业出版社

图书在版编目(CIP)数据

木工 / 《建筑工人职业技能培训教材》编委会
编. —— 北京:中国建材工业出版社,2016.8(2017.4重印)
建筑工人职业技能培训教材
ISBN 978-7-5160-1533-9

Ⅰ. ①木… Ⅱ. ①建… Ⅲ. ①建筑工程—木工—技术
培训—教材 Ⅳ. ①TU759.1

中国版本图书馆 CIP 数据核字(2016)第 145051 号

木工

《建筑工人职业技能培训教材》编委会 编

出版发行:中国建材工业出版社

地　　址:北京市海淀区三里河路 1 号
邮　　编:100044
经　　销:全国各地新华书店
印　　刷:北京雁林吉兆印刷有限公司
开　　本:850mm×1168mm 1/32
印　　张:6.875
字　　数:150 千字
版　　次:2016 年 8 月第 1 版
印　　次:2017 年 4 月第 2 次
定　　价:24.00 元

本社网址:www.jccbs.com.cn 微信公众号:zgjcgycbs
本书如出现印装质量问题,由我社市场营销部负责调换。电话:(010)88386906

前　言

《中华人民共和国就业促进法》、国务院《关于加快发展现代职业教育的决定》[国发(2014)19 号]、住房和城乡建设部《关于印发建筑业农民工技能培训示范工程实施意见的通知》[建人(2008)109 号]、住房和城乡建设部《关于加强建筑工人职业培训工作的指导意见》[建人(2015)43 号]、住房和城乡建设部办公厅《关于建筑工人职业培训合格证有关事项的通知》[建办人(2015)34 号]等相关文件,对全面提高工人职业操作技能水平,以保证工程质量和安全生产做出了明确的要求。

根据住房和城乡建设部就加强建筑工人职业培训工作,做出的"到 2020 年,实现全行业建筑工人全员培训、持证上岗"具体规定,为更好地贯彻落实国家及行业主管部门相关文件精神和要求,全面做好建筑工人职业技能教育培训,由中国工程建设标准化协会建筑施工专业委员会、黑龙江省建设教育协会、新疆建设教育协会会同相关施工企业、培训单位等,组织了由建设行业专家学者、培训讲师、一线工程技术人员及具有丰富施工操作经验的工人和技师等组成的编审委员会,编写这套《建筑工人职业技能培训教材》。

本套丛书主要依据住房和城乡建设部、人力资源和社会保障部发布的《职业技能岗位鉴定规范》《中华人民共和国职业分类大典(2015 年版)》《建筑工程施工职业技能标准》《建筑装饰装修职业技能标准》《建筑工程安装职业技能标准》等标准要求,以实现全面提高建设领域职工队伍整体素质,加快培养具有熟练操作技能的技术工人,尤其是加快提高建筑业农民工职业技能水平,保证建筑工程质量和安全,促进广大农民工就业为目标,重点抓住建筑工人现场施工操作技能和安全为核心进行编制,"量身订制"打造了一套适合不同文化层次的技术工人和读者需要的技能培训教材。

本套教材系统、全面地介绍了各工种相关专业基础知识、操作技能、安全知识等,同时涵盖了先进、成熟、实用的建筑工程施工技术,还包括了现代新材料、新技术、新工艺和环境、职业健康安全、节能环保等方面的知识,力求做到了技术内容最新、最实用,文字通俗易懂,语言生动简洁,辅以大量直观的图表,非常适合不同层次水平、不同年龄的建筑工人职业技能培训和实际施工操作应用。

丛书共包括了"建筑工程"、"装饰装修工程"、"安装工程"3大系列以及《建筑工人现场施工安全读本》,共25个分册:

一、"建筑工程"系列,包括8个分册,分别是:《砌筑工》《钢筋工》《架子工》《混凝土工》《模板工》《防水工》《木工》和《测量放线工》。

二、"装饰装修工程"系列,包括8个分册,分别是:《抹灰工》《油漆工》《镶贴工》《涂裱工》《装饰装修木工》《幕墙安装工》《幕墙制作工》和《金属工》。

三、"安装工程"系列,包括8个分册,分别是:《通风工》《安装起重工》《安装钳工》《电气设备安装调试工》《管道工》《建筑电工》《中小型建筑机械操作工》和《电焊工》。

本书根据"木工"工种职业操作技能,结合在建筑工程中的实际应用,针对建筑工程施工材料、机具、施工工艺、质量要求、安全操作技术等做了具体、详细的阐述。本书内容包括木工常用材料,木工常用机具设备及操作,常用模具及小工具制作,榫制作及木工配料,木屋架制作与安装,屋面木基层操作,木门窗的制作与安装,木工细部工程,木模板配制与安装,木工岗位安全常识,相关法律法规及务工常识。

本书对于加强建筑工人培训工作,全面提升建筑工人操作技能水平具有很好的应用价值,不仅极大地提高工人操作技能水平和职业安全水平,更对保证建筑工程施工质量,促进建筑安装工程施工新技术、新工艺、新材料的推广与应用都有很好的推动作用。

由于时间限制,以及编者水平有限,本书难免有疏漏之处,欢迎广大读者批评指正,以便本丛书再版时修订。

编　者

2016 年 8 月　北京

China Building Materials Press

目录
CONTENTS

第1部分　木工岗位基础知识

一、木工常用材料

1. 木材

（1）木材的种类与用途。

木材是传统的木结构材料，虽然钢筋、水泥的广泛应用使得木材在建筑中的使用量降低，但随着国家对建筑节能环保的要求，木材的优异环保和节能性能也越来越受到重视。

木材质轻，有较高强度，具有良好的弹性、韧性，能承受冲击、振动等各种荷载的作用。木材天然纹理美观，富于装饰性，导热系数小、隔热性强，分布较广，便于就地取材。但因生产周期长，且常有天然疵病，如腐朽、木节、斜纹、质地不均等，对其利用率和力学性能有很大影响。同时，木材容易燃烧，不利于防火。

木材按树种可分为针叶树和阔叶树两大类。针叶树纹理顺直，树干高大，木质较软，适于作结构用材，如各种松木、杉木、柏木等。阔叶树树干较短，材质坚硬，纹理美观，适于装饰工程使用，如柞木、水曲柳、榆木、榉木、柚木等，见表1-1。

表 1-1　　　　　　　　　　木材的种类、特点与用途

类别	名称	特　　　点	用　　　途
针叶树	红松	干燥、加工性能良好,风吹日晒不易龟裂、变形,松脂多、耐腐朽	门窗、地板、屋架、檩条、搁栅、木墙裙
	鱼鳞云杉	易干燥、富弹性、加工性能好、弯挠性能极好	屋架、檩条、搁栅、门窗、屋面板、模板、家具
	马尾松	多松脂,干燥时有翘裂倾向,不耐腐,易受白蚁危害	小屋架、模板、屋面板
	落叶松	难于干燥,易开裂及变形,加工性能不好,耐腐朽	搁栅、小跨度屋架、支撑、木桩、屋面板
	杉木	干燥性能好,韧性强,易加工,较耐久	门窗、屋架、地板、搁栅、檩条、椽条、屋面板、模板
	柏木	易加工,切削面光滑,干燥易开裂,耐久性强	门窗、胶合板、屋面板、模板
阔叶树	水曲柳	具有弹性、韧性、耐磨、耐湿等特点,但干燥较困难,易翘裂	家具、地板、胶合板及室内装修、高级门窗
	色木	力学强度高,弹性大,干燥慢,常开裂,耐磨性好	地板、胶合板、家具、室内木装修
	柞木	干燥困难,易开裂翘曲,耐水,耐磨性强,耐磨损,加工困难	地板、家具、高级门窗
	麻栎	力学强度高,耐磨,加工困难,不易干燥,易径裂、扭曲	地板、家具
	柚木	耐磨损,耐久性强,干燥收缩小,不易变形	家具、地板、高级木装修
	桦木	力学强度高,富弹性,干燥过程中易开裂翘曲,加工性能好,不耐腐	胶合板、家具、室内木装修、支撑、地板

(2)木材的物理性能。

①含水率。南方雨季时,木材平衡含水率为 18％～20％;北方干燥季节,平衡含水率为 8％～12％,华北地区的木材平衡含水率为 15％左右。为了减少木材干缩湿胀变形,可预先使木材干燥到与周围湿度相适应的平衡含水率。

一般新伐木材的含水率高达 35％以上,经风干后为 15％～25％,室内干燥后为 8％～15％。

②密度和导热性。木材的平均密度约为 500kg/m³,通常以含水率为 15％(称为标准含水率)时的密度为准。干燥木材的导热系数很小,因此,木材制品是良好的保温材料。

(3)木材的力学性能。

由于木材构造质地不匀,造成了木材强度有各向异性的特点。因此,木材的各种强度与受力方向有密切的关系。

木材的受力按受力方向可分为顺纹受力、横纹受力和斜纹受力。按受力性质分为拉、压、弯、剪四种情况(见图 1-1)。木材顺纹抗拉强度最高,横纹抗拉强度最低,各种强度与顺纹受压的比较见表 1-2。影响木材强度的最主要因素是木材疵病、荷载作用时间和含水率。

表 1-2　　　　　木材的强度情况比较表

抗压		抗拉		抗弯	抗剪	
顺纹	横纹	顺纹	横纹		顺纹	横纹
1	1/10～1/3	2～3	1/20～1/3	1～2	1/7～1/3	1/2～1

(4)木材疵病的识别。

①节子。按木节质地及和周围木材结合程度分为活节、死节和漏节。节子破坏了木材构造的均匀性和完整性,不仅影响木材表面的美观和加工性质,更重要的是降低了木材的强度。

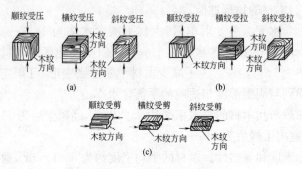

图 1-1　木材的受力情况

(a)顺纹受力；(b)横纹受力；(c)斜纹受力

应注意避免把节子部位置于表面及重要部位。

②虫害。各种昆虫在木材上所蛀蚀的孔道称为虫孔或虫眼。可将木材进行药剂处理使木材内的虫及卵不能再生长或繁殖。

③裂纹。裂纹按类型分为径裂、轮裂和干裂。在木材内部，从髓心沿半径方向开裂的裂纹叫径裂；沿年轮方向开裂的裂纹叫轮裂，轮裂又分为环裂和弧裂两种；由于木材干燥不均而产生的裂纹叫干裂。裂纹能破坏木材的完整性，影响木材的作用和装饰价值，降低木材强度。在保管不良的情况下，还会引起木材的变色和腐朽。

④斜纹。木材中纤维排列与纵轴方向不一致所出现的倾斜纹理称为斜纹。锯材的斜纹除由圆材的天然斜纹所造成外，如果下锯方法不合理，通直的树干也会加工成斜纹锯材，这种斜纹叫人工斜纹。斜纹对材质的影响主要是降低木材的强度，有斜纹的圆木干燥时容易开裂，有斜纹的板材干燥时容易翘曲并降低强度。

⑤腐朽。腐朽严重影响木材的物理力学性能，使木材重量

减轻,吸水性增大,强度降低,尤其是褐腐后期,木材强度基本接近于零,故在建筑工程中不容许使用腐朽的木材。

⑥髓心。在树干横断面上第一年轮的中间部分由脆弱的薄壁细胞组织所构成,呈不同形状,多数为圆形或椭圆形,直径20～50mm,其颜色为褐色或较周围颜色浅淡,即髓心。具有髓心的木材其强度较低,且干燥时容易开裂。

(5)木材的处理。

①木材的干燥方法。木材在使用前,应进行干燥处理,这样不仅可以防止弯曲、变形和裂缝,还能提高强度,便于防腐处理与油漆加工等,以延长木制工程的使用年限。木材的干燥可选择天然干燥法(表1-3)和人工干燥法(表1-4)。

表1-3　　　　　　　　　　天然干燥法

材种	堆积方法	堆积示意图	要　求
原木	分层纵横交叉堆积法		按树种、规格和干湿情况分类堆积。距地面不小于50cm,堆积高度不超过3m,也可用实堆法,定期翻堆
板、方材	分层纵横交叉堆积法		将板、方材分层纵横交叉堆积,层与层间互成垂直,底层下设堆基,离地面不小于50cm。垛顶用板材铺盖,并伸出材堆边75cm
	垫条堆积法		各层板、方材堆积方向相同,中间加设垫条。垫条应厚度一致,上下垫条间应成同一垂直

表 1-4　　　　　　　　　　　　人工干燥法

干燥方法	基本原理	适用范围	优缺点
浸水法	将木材浸入水中,浸泡时间根据不同树种约为 2～4 个月,使之充分溶去树脂,然后再进行风干或烘干处理	适用于一般的木材加工厂	能减少变形,比天然干燥时间约缩短一半,但强度稍有降低
蒸汽干燥法	利用蒸汽导入干燥室,喷蒸汽增加湿度及升温,另一部分蒸汽通过暖气排管提高和保持室温,使木材干燥	生产能力较大,且有锅炉装置的木材加工厂,在我国使用广泛	(1)设备较复杂;(2)易于调节窑温,干燥质量好;(3)干燥时间短,安全可靠
烟熏干燥法	在地坑内均匀散布纯锯末,点燃锯末,使其均匀缓燃,不得有火焰急火,利用其热量,直接干燥木材	适用于一般条件差的木材加工厂或工地	(1)设备简单,燃料来源方便,成本低;(2)干燥时间稍长,质量较差;(3)管理要求严格,以免引起火灾
水煮法	将木材放在水槽中煮沸,然后取出置于干燥窑中干燥,从而加快干燥速度,减少干裂变形	适用于干燥少量和小件难以干燥的硬质阔叶材	(1)设备复杂、成本高;(2)干燥质量好;(3)可加快难以干燥的硬木干燥时间;(4)只可在小范围内使用
热风干燥法	用暖风机将空气通过被烧热的管道吹进窑内,从炉底下部风道散发出来,经过木垛又从上部吸风道回到鼓风机,往复循环,使木材干燥	适用于一般的木材加工企业	(1)设备较简单,不需锅炉及管道等设备;(2)干燥时间较短,干燥质量好;(3)建窑投资少

　　②木材的防腐。将木结构置于通风良好的干燥环境,使其含水率低于 15%,导致木腐菌因缺少水分而无法生存繁殖。使木材隔绝空气,用油漆和毒剂涂刷浸渍木材表面也能防止木材过快腐朽。

③木材的防火。木材防火要求与建筑物防火要求等级有关,如Ⅰ级建筑物,耐久年限在 100 年以上,用于具有历史性、纪念性、代表性建筑;Ⅱ级建筑物,耐久年限为 50～100 年,如重要的公共建筑,大城市火车站、百货大楼、国宾馆、大剧院等;Ⅲ级建筑物,耐久年限 40～50 年,如比较重要的建筑,医院、高等院校及主要工业厂房等。在以上三类建筑中,用于天花、壁、墙的木材,需由公安局消防部门指定工厂进行防火处理才能使用,施工单位无权自行处理。经处理后的木料,火源脱离后只会阴燃而不会自燃。使用年限在 15～40 年的普通建筑(Ⅳ级)和使用年限在 15 年以下的临时建筑(Ⅴ级)才允许施工单位进行防火处理或补充修改设计,对于一些重要部位,设计院设计时需考虑有隔离措施。丙烯酸乳胶涂料是一种用于木材的防火涂料,每立方米木材用量不得少于 0.5kg。这种涂料无抗水性,可用于顶棚、木屋架和室内细木制品(指Ⅳ级和Ⅴ级建筑,设计院在设计中有具体要求的部位)。

2. 常用人造板材

人造板是以板材或其他非木材植物为原料,经一定机械加工分离成各种单元材料后,施加或不施加胶粘剂和其他添加剂胶合而成的板材或模压制品。

人造板材与木材比较,具有幅面大、变形小、表面平整光洁、无各向异性、施工方便等优点。

(1)胶合板。

为了解决材料的各向异性,胶合板一般按奇数层制作,如三层、五层、七层、九层制板,胶合板的面层通常选用外观比较完整且花纹较美观的材料,底层用料一般比面层略差,而中间层用料较差。

①胶合板的分类。一般按耐气候、耐水、耐潮来分类。

Ⅰ类,耐气候、耐沸水胶合板:这类胶合板使用酚醛树脂胶或其他性能相当的胶粘剂黏合而成,具有耐久、耐煮沸(或蒸汽)、耐干热和抗菌等性能,可在室外使用。但其价格较高,非室外或蒸汽房等处不用。

Ⅱ类,耐水胶合板:这类胶合板使用脲醛树脂胶等胶粘剂黏合而成,能在冷水中浸泡和经受短时间的热水浸泡,有抗菌性能,但不耐沸水,在热源蒸汽房、锅炉房等处禁用。

Ⅲ类,耐潮胶合板:这类胶合板是用血胶和带有多量填料的脲醛树脂等胶粘剂制成的,能耐短期的冷水浸泡,适合室内常温状态下使用,市场上大量供应的基本上属此类。

②胶合板的规格。厚度:厚度与层数有关,三层厚度为2.5～6mm;五层厚度为5～12mm;七～九层厚度为7～19mm,十一层厚度为11～30mm。

幅面尺寸:幅面尺寸见表1-5。

表 1-5　　　　　　　　　　胶合板幅面尺寸　　　　　　　(单位:mm)

厚　　度	宽×长
2.5,3,3.5,4.5,5,自5mm起按1mm递增	915×915
	915×1830
	915×2135
	1220×1220
	1220×1830
	1220×2135
	1220×2440
	1525×1525
	1525×1830

（2）刨花板。

主要特点是由于多孔，可以吸声，隔热性能好，具有一定的防火性能，火源移开后阴燃，抗菌性能高于天然木材。刨花板现在常被用作大厅的天花板、建筑隔墙。

（3）木丝板。

木丝板具有隔声、隔热、防蛀、耐火等优点，用途与刨花板基本相同。

（4）装饰贴面板。

装饰贴面板耐腐蚀、耐磨、耐烫，防水性能好，表面光滑美观。装饰贴面板和胶合板、纤维板共同使用可增加强度。装饰贴面板主要用于家具面层、室内装修，还可以用一般皮胶、脲醛树脂胶或酚醛树脂胶将装饰贴面板粘贴在各种木质板材上，以扩大其使用范围。

（5）纤维板。

纤维板在构造上比天然木材均匀，而且避免了节子、腐朽、虫眼等缺陷，同时它胀缩性小，不翘曲、不开裂。纤维板可供建筑、车辆、船舶内部装修及制作家具、农机具包装箱等方面使用。

（6）细木工板。

细木工板是上下两层单板中间夹有小木料，经胶合而成的人造板材，具有幅面大、平整、吸声、隔热、使用方便等特点，依加工工艺可分为不砂光板、一面砂光板和两面砂光板。依采用的胶类可分为Ⅰ类板和Ⅱ类板。依材质和加工质量可分为一级板、二级板、三级板。其幅面为 915mm×915mm、1830mm×915mm、2135mm×915mm 的三种，厚度有 16mm、19mm 两种；以及幅面为 1220mm×1220mm、1830mm×1220mm、2135mm×1220mm、2440mm×1220mm 的四种，厚度有 22mm、25mm两种。

(7)石膏纤维穿孔吸声板。

石膏纤维穿孔吸声板有多种穿孔花纹可供选择,常用来做礼堂、客厅等的顶棚。

3. 常用胶粘剂

(1)常用的胶粘剂特性。

①环氧树脂。环氧树脂这种胶粘脂具有黏合力强的特征。它能粘结几乎所有的木质、竹质、塑料、金属和混凝土等材料,素有"万能胶"之称。其一般的剪切强度可达20~30MPa。

同时,环氧树脂可配成不同黏度,稀的如水一般,稠的可如膏状物,还可制成胶棒、胶膜和胶粉,使用很方便。固化后的环氧树脂机械强度高、耐介质、耐老化,可进行机械加工。

②丙烯酸酯结构胶。在使用上与环氧树脂类的固化方式不同,但具有反应快,可制成快速固化的结构胶,有时可快到几分钟到十几分钟,使用起来很方便。其粘结强度可与环氧树脂类型胶相接近,固化受温度的影响较少,可以在较低温度下进行固化,并获得较好的粘结强度。但耐介质与耐老化较环氧树脂类较差,价格却又要略高一些,因而大面积使用不合算。

③聚氨酯胶粘剂。聚氨酯胶粘剂是用于装饰材料中最好的一种胶粘剂,其主要特点如下:

a.性能好,对基材的黏结力高,自身的机械性能好,耐磨性好,且耐水、耐油和绝缘。

b.弹性好,铺装的地面行走特别舒适。

c.胶粘容易,可刮涂胶粘,可浇注胶粘,固化速度可调整变动。

d.具有很好的防水、防潮功能,价格适中,用途广泛,除室内大厅、房间使用外,还多用于幼儿园、游乐场、宾馆走廊,人造草坪也有用此类材料制作完成的。

(2)胶粘剂用途。

胶粘剂的用途是很广泛的,其主要用途是起到胶粘作用,同时,也有固定、防漏、防腐保护、防火耐高温和绝缘等用途。在选择胶粘剂时,一定要特别注意各类胶粘剂的特殊用途,能使其在木装修装饰施工中更具有特色和保证良好的使用质量。

①胶粘剂具有加固作用。在木装修装饰工程中,对一些构件的承载能力、缺陷和防震等方面存在着不足时,可以用胶粘剂进行加固、粘结。也可作为一般装修的胶粘剂使用,如吊顶时承受较大拉力吊杆的粘结等。

②胶粘剂具有防腐作用。在装修装饰工程中,如用环氧树脂配制的结构胶,对水、有机溶剂、油类、酸气与碱液等均有很好的抗腐蚀能力,针对有的地方腐蚀严重的情况,对一些结构梁、房屋架和家具等涂上这些防腐胶,就能够起到很好的防腐作用。

③胶粘剂具有防漏作用。在装修装饰中,遇到一些大面积的墙面、地面的渗漏,影响到装修装饰工程的工作质量,那么,在整个面积上涂敷一层胶粘剂就可以解决这一类问题。

当遇到局部的严重渗漏时,则可以按照一般先疏导后堵漏的方法将渗漏堵住,因有的胶粘剂对混凝土、石材等也具有良好的黏合力,因此可以解决这一类渗漏的难题。

④胶粘剂具有耐高温作用。有机硅胶粘剂主要用于耐高温条件下的各类粘结。

⑤胶粘剂具有耐低温作用。目前用于低温环境的胶粘剂,主要有以下几类:

a.不饱和聚酯类胶粘剂。这类胶粘剂用于各种装修装饰材料中的粘结、锚固及各类维修等。

b.特种低温可固化的环氧树脂胶。这类胶主要是用作水利水电设施用胶、加固用胶、灌缝用粘结材料以及设备维修用胶等。

c.丙烯酸酯类胶。这类胶可用于一般小件修理和粘结。也有可低温快固化的锚固胶,如环氧树脂胶、丙烯酸酯类锚固胶等。

这些胶类,其活性较大,在低温下使用,主要是本身能进行化学反应,而且其反应机能不会依赖于环境温度,在-10℃温度以下进行粘结施工,其固化时间也不会很长,能保证正常情况下的使用。

⑥胶粘剂具有水中作业的作用。具有不怕水性能的胶粘剂,有的是在组分中加入高吸湿填料,这些填料遇水后,可吸收被粘物表面的水分子,而胶粘剂的固化却不受水的影响,还有的组分则会遇水反应,使水成为其组分中的一部分而参与反应。因而,使不少胶种可以在水中或潮湿面上进行固化,仍能发挥粘胶的作用。如酮亚胺环氧树脂、701、702、703 和 810 等固化式胶粘剂。

⑦胶粘剂具有防火的作用。具有防火作用的胶粘剂,市场上有防火玻璃用胶和防火板材用胶两类。防火板材用胶粘剂,因无特别的要求,常用其他胶种来代用,而防火玻璃用胶有透明、防热和防火等特殊作用,因而是一种专用胶种。

二、木工常用机具设备及操作

木工工具、机具是木工生产的用具,其质量的好坏与操作的灵便性以及工件的质量有极密切的关联。因此,工具越精良,操作越方便,不但可以提高生产效率,而且还可以保证工件的质量。木工首先应熟悉常用工具的名称、用途、规格、性能和操作方法,以便能够正确使用,充分发挥工具的作用。

常用的木工手工工具有：画线工具、锛、凿、斧、刨、锯、锉、钻、锤等工具。

常用的木工机械有：带锯机、圆锯机、刨削机械及轻便电动机具。

1.画线工具

木工要把木材制成一定形状、尺寸、比例的构件或制品，第一道工序就是画线。木工常用的画线工具有直尺、折尺、墨斗、勒子、角尺、划规、墨株等。

（1）量尺。

①直尺。画直线的尺子，有刻度，刻度单位为 m、cm、mm。

②折尺。是能折叠的尺子，刻度同直尺，携带和使用方便，故为木工常用工具。

③钢卷尺（盒尺）。刻度清晰、标准，使用携带方便，常用的长度有 1m、2m、3m、10m等多种。

（2）角尺。

①直角尺。是木工用来画线及检查工件或物体是否符合标准的重要工具，由尺梢和尺座构成。尺梢需用竹笔直接靠紧它进行画线，尺座上有刻度，可测量工件长度。尺梢与尺座成垂直角度。

直角尺的用途：

用于在木料上画垂直线或平行线；检查工件或制品表面是否平整；用于检查或校验木料相邻两面是否垂直，是否成直角；用于校验画线时的直角线是否垂直；校验半成品或成品拼装后的方正情况。

②活尺。也称活络尺，用以画任意斜线。由尺座、活动尺翼和螺栓组成。活尺使用时，先将尺翼调整到所需角度，再将螺母

旋紧固定,然后把尺座紧贴木料的直边,沿尺翼画线。

③三角尺。也称斜尺,是用不易变形的木料或金属片制成,由两条直角边和一条斜边组成的等腰三角形尺,是画 45°斜角结合线不可少的工具。使用时,将尺座靠于木料直边,沿尺翼斜边画斜线,也可沿直边画横线、平行线。

(3)画线笔。

画线笔有木工铅笔和竹笔两种。木工铅笔的笔杆呈椭圆形,笔芯有黑、红、蓝等几种。画线时,将铅笔芯削成扁平形状,把铅芯紧靠在尺沿上顺画。

竹笔,也称墨衬,在建筑施工时,制作木构件,如门窗、屋架等方面和民用木工制作家具方面广泛使用。竹笔的制作材料是有韧性的,笔端宽 15～18mm,笔杆越来越窄,以手握合适为宜,长约 20cm。笔端削扁并呈约 40°的斜面,纵向切许多细口以便吸墨。笔端扁刃越薄,画线越细,切口越深,吸墨越多,使用时将笔蘸墨即可画线。

(4)墨斗。

用硬质木料凿削而成,亦有用塑料、金属等材料制成。墨斗的前部是斗槽,后部是线轮、摇把和执手。斗槽内装满丝绵、棉花或海绵类吸墨材料,倒入适量墨汁,墨线一端在后部线轮上,另一端通过斗槽前后的穿线孔再与定钩连接好。使用时,定钩挂在木料前端,墨斗拉到木料后端,墨线虚悬于木料面上,左手拉紧并压住线索绳,右手垂直将墨线中部提起,松手回弹,即在木料上绷出墨线迹。

(5)墨株。

在校齐整的木料上需画大批纵向直线时,也可用固定墨株画线。

(6)勒子。

有线勒子和榫勒子两种。勒子由勒子杆、勒子档和蝴蝶母组成。两种勒子使用方法相同,使用时,按需要尺寸调整好导杆及刀刃,把蝴蝶母拧紧,将档靠紧木料侧面,由前向后勒线。如果刨削木料,可用线勒子画出木料的大小基准线。榫勒子一次可画出两条平行线,在画榫头和榫眼的线时才使用。

(7)画线要求与符号。

①画线要求。下料画线时,必须留出加工余量和干缩量。锯口余量一般留 2～4mm,单面刨光余量为 3mm,双面刨光优质产品量为 5mm,木材应先经干燥处理后使用。如果先下料后才干燥处理,则毛料尺寸应增加 4% 的干缩量。画对向料的线时,必须把料合起来,相对地画线(即画对称线)。制品的结合处必须避开节子和裂纹,并把允许存在的缺陷放在隐蔽处或不易看到的地方。榫头和榫眼的纵向线,要用线勒子紧靠正面画线。画线时必须注意尺寸的精确度,一般画线后要经过校核才能进行加工。

②画线符号。是木料加工过程中木工使用的一种"语言",为避免加工中出现差错,必须有统一的符号,以便识别使用。画线符号在全国还不统一,各地使用符号各有差异。在建筑木工和民用木工中使用的符号也有差异,因此,当共同工作时,必须事先统一画线符号,以便能顺利地工作,相互之间密切配合。

2.砍削工具

木工的常用砍削工具有锛和斧子。

(1)锛。

锛一般用于砍削较大木料的平面,锛是大木制作所用的工具,操作比较简单。

　　砍削木料时,一手在前,另一手在后,握住锛把的后部,脚站在木料左(或右)侧,由木料的后端向前等距离断成断口,断砍到前端时,左(或右)脚在前,站稳地面上,右脚略向后侧踏在木料上面,脚尖向右前,脚的内前侧脚掌略翘起,由木料的前端开始按已划好的线茬向后锛削。被砍削木料必须放置稳固;锛头的刃口必须锋利;锛刃砍进木料后,要将锛把稍加摇晃再起锛;防止木碴木片垫着刃口而发生滑移。

　　(2)斧子。

　　由钢制斧头和木把组成,分单刃斧和双刃斧两种,斧头重量约 1kg。单刃斧的刃在一侧,适合砍而不适合劈;双刃斧刃在中间,砍劈均可。斧刃要保持锋利。钝斧砍削既影响质量又降低效率,且不安全。

　　①下斧要准确,手要把握落斧方向和力度的大小,顺茬砍削。

　　②以墨线为准,留出刨光余量,不得砍到墨线以内。

　　③若必须砍削的部分较厚,则必须隔约 10cm 左右斜砍一斧,以便砍到切口时木片容易脱落掉。

　　④砍料遇到节子,若为短料应调头再砍;若为长料应从双面砍;若节子在板材中心时,应从节子中心向两边砍削。节子较大时,可将节子砍碎再左右砍削。如果节子坚硬应锯掉而不宜硬砍。

　　⑤砍削软材,不要用力过猛,要轻砍细削,以免将木料顺纹撕裂。

　　⑥在地面砍削时,木料底部应垫木块,以防砍地而损坏斧刃。砍削木料时,应将其稳固在木马架上。

　　⑦斧把安装要牢固。砍削开始,落斧用力要轻、稳,逐渐加力,方向和位置把握要准确。

⑧平砍适用于砍较长板材的边棱。将木料固定放在工作台上,被砍面朝上,两手握斧把,一手在前一手在后,斧刃向侧下,顺木纹方向砍削。

⑨立砍适用于砍短料。将料垂立,左手握木料左上部,右手握斧把,由上向下沿画好的线顺茬砍削,见图1-2。

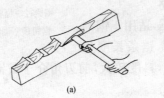

(a) (b)

图 1-2 砍削方法

(a)平砍;(b)立砍

⑩斧刃的研磨。

以双手食指和中指压住刃口部位,或一手握斧把,一手压刃口,紧贴磨石向前推为研磨行程,刃口斜面要始终贴在磨石面上。向后拉为空程,要轻带,斧刃与磨石的角度要保持一致,切勿翘起。当刃口磨得发青、平整、平直时,则表示已研磨锋利,一般常用拇指横着斧刃试之。

3. 锯割工具

(1)锯的种类。

木工锯有框锯、刀锯、手锯、侧锯、钢丝锯、横锯、板锯等多种。较常用的有框锯和刀锯两种。

①框锯。也称拐子锯,由锯拐、锯梁和锯条、锯绳(钢串杆)、锯标组成。锯拐一端装麻绳,用锯标绞紧(装钢串杆,用蝴蝶螺母旋紧),见图1-3。框锯又分为截锯、顺锯和穴锯。

a. 截锯:也称横向锯,用于垂直木纹方向的锯割。锯条尺寸

略短,齿较密。锯齿刃为刀刃型。前
刃角度小,锯齿应拨成左、右料路。

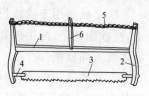

图 1-3　框锯
1—锯梁；2—锯拐；3—锯条；
4—锯钮；5—锯绳；6—锯标

　　b. 顺锯:也称纵向锯,用于顺木纹
纵向锯割。锯条较宽,便于直线导向,
锯路不易跑弯。锯齿前刃角度较大,
拨齿为左、中、右、中料路。

　　c.穴锯:也称曲线锯,适用于锯割
内外曲线或弧线工件。锯条长度为
600mm左右。锯条较窄,料度较大,前刃角介于截锯和顺锯中
间,拨齿为左、中、右料路。

　　框锯操作方法:首先把锯条方向调整好,使整个锯条调到一
个平面上,然后绷紧锯绳(钢串杆)即可。

　　②刀锯。有双刃刀锯、夹背刀锯、鱼头刀锯等。刀锯由锯
片、锯把组成,见图1-4。刀锯携带方便,适用于框锯使用不便的
地方使用。

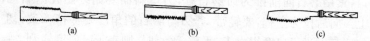

(a)　　　　　　　　(b)　　　　　　　　(c)

图 1-4　刀锯
(a)双刃刀锯;(b)夹背刀锯;(c)鱼头刀锯

　　③钢丝锯和侧锯的构造。见图 1-5,侧锯为刹肩等细部所
用;钢丝锯为锯割半径较小的圆弧等所用。

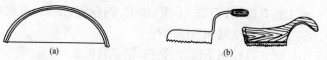

(a)　　　　　　　　　　　(b)

图 1-5　钢丝锯和侧锯
(a)钢丝锯;(b)侧锯

(2)锯的使用。

①锯割时,把木料放在工作台上,用脚踏牢。下锯时,右手紧握锯拐,锯齿向下,左手大拇指靠住线的端头处,右手把锯齿挨住左手大拇指,轻轻推拉几下(预防跳锯伤手)。当木料棱角处出现锯口后,左手离开,可加大锯割速度。可两手握锯也可右手握锯、左手扶料进行锯割。

②锯割时,推锯用力要重,锯回拉时力要轻;锯路沿墨线走,不要跑偏;锯割速度要均匀、有节奏;尽量加大推拉距离,锯的上部向后倾斜,使锯条与料面的夹角大约呈70°。

③当锯到料的末端时,要放慢锯速,并用左手拿住要锯掉的部分,以防木料撕裂,或将木料调头锯割。

④横截木料时,左脚踏木料,身体与木料呈90°角。顺截木料时,用右脚踏木料,身体与木料呈60°角。

(3)锯齿的齿形。

木工锯的锯割,是靠锯齿把木料锯成某种形状的。新锯条没有料路,若不预先拨好料路就直接使用,就会夹锯。所以,必须根据需要拨好料路,锯齿锉磨锋利才能使用。锯齿的功能主要取决于其料路、料度和斜度。纵向顺锯与横截锯所锯木料不同,因而锯的料路、料度、斜度也有区别。

①料路。又称锯路,是指锯齿向两侧倾斜的方式。料路分为二料路和三料路两种,见图1-6,三料路又分为左中右三料路和左中右中三料路。左中右三料路锯齿排列是一个向左、一个居中、一个向右相间排列,一般纵向顺锯均采用这种料路。左中右中三料路的锯齿是一个向左、一个中立、一个向右、一个中立相间排列,一般顺锯锯割潮湿木料或硬木料时采用这种料路。

二料路又称人字料路,其锯齿排列是一个向左、一个向右相间排列,横锯均采用这种料路。没有料路的锯条容易夹锯,不能使用。

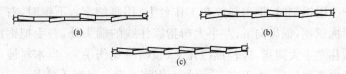

图 1-6　料路

(a)三料路(左、中、右、中);(b)三料路(左、中、右);(c)二料路(左、右)

②料度。又称路度,指锯齿尖
向两侧的倾斜程度,见图 1-7。

料度是使用中能使锯条与木料
形成间隙,减少锯条的摩擦,既省力
又便于木屑排出。一般横截锯的料

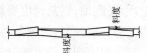

图 1-7　锯齿的料度

度为锯条厚度的 1～1.2 倍;顺锯锯条的料度在锯料时应适当加
大,有利于进行弯曲锯割。若锯割湿料,也应加大料度。料度在
使用时会因锯条与木料摩擦发热而减小,所以必须经常修整
锯条。

③斜度。锯齿呈楔形状,前刃短、后刃长,前刃与锯条长度
方向的夹角称斜度,见图 1-8。斜度应根据锯的用途而定,一般
顺斜度为 80°,前刃与后刃之间的夹角为 55°;横锯的斜度为
90°,前刃与后刃之间的夹角为 60°。若锯割潮湿木料,则横向锯
齿锉成刀刃形状比较好用。

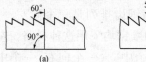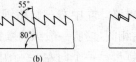

图 1-8　锯齿的斜度

(a)刀横向锯齿;(b)纵向锯齿;(c)刀刃齿

（4）锯的维修保养。

木工锯在使用中，若锯齿不锋利，就会感到进锯慢而又费力，表明需要锉伐锯齿；若感到夹锯，则表明锯的料度因受摩擦而减小；若总是向一侧跑锯，表明料度不均，应进行拨料修理。修理锯齿时，应先拨料，然后再锉锯齿。

① 拨料。料路是用拨料器进行调整的，见图 1-9。

图 1-9　拨料器

拨料时，将拨料器的槽口卡住锯齿，用力向左或向右拨开，拨开程度要符合料度要求。

② 锉伐。锉伐锯齿时，把锯条卡在木桩顶上或三脚凳端部预先锯好的锯缝内，使锯齿露出。根据锯齿大小，用 100～200mm 长的三角钢锉或刀锉，从右向左逐齿锉伐。锉锯时，两手用力要均匀，锉的一面要垂直地紧贴邻齿的后面。向前推时要使锉用力磨齿，锉出钢屑，回拉时只轻轻拖过，轻抬锉面，见图 1-10。常用的钢锉有三种：平锉、刀锉和三棱锉。

锉伐刀锯时，要先钉一个锯夹。锯夹由两块木板组成，一块为固定夹木，另一块为活动夹木。使用时将活动夹木取出，使锯夹上口张开，把锯板嵌入锯夹内，露出锯齿，再用活动夹板在锯夹下端楔紧固定，见图 1-11。

图 1-10　伐锯姿势

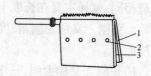

图 1-11　锯夹
1—固定夹木；2—螺栓；3—活动夹木

伐锯分描尖和掏膛两种。描尖是把磨钝的锯齿尖端锉削锋利。掏膛是在锯齿被磨短而影响排屑时才需要。掏膛是用刀锉的边棱按锯齿的长度，使两锯齿之间的锯槽加深。

锉锯的操作方法：把锯身固定在锯夹或三脚马凳上，用右手握住锉把，左手拇指、食指和中指捏住锉的前端，适当加压力向前推锉，以锉出钢屑为宜，回锉时不加压力，轻抬而过即可。对锉伐后的锯齿要求是：锯齿尖高低要一致，在同一直线上，不得有参差不齐现象；锯齿的大小相等，间距均匀一致；锯齿的角度要正确，符合齿形状的要求。每个锯齿都应有棱有角，刃尖锋利。

4. 刨削工具

刨子是木工的重要工具，它可以把木料刨成光滑的平面、圆面、凸形、凹形等各种形状的面。所以，熟悉各种刨子的构造，掌握其使用方法，是木工的重要基本功。

(1)刨子的种类。

刨子的种类很多，按用途分为平刨、槽刨、线刨、边刨、轴刨、圆刨、弯刨等。

①平刨。平刨是木工使用最多的一种刨，主要用来刨削木料的平面。平刨按用途可分为荒刨、长刨、大平刨、净刨。它们构造相同，差异主要在长度上。

a. 荒刨。又称二刨，长度为 200～250mm，主要刨削木料的粗糙面。

b. 长刨。又称大刨，长度为 450～500mm，经长刨刨削后的木料较为平直。

c. 大平刨。又称邦克，长度为 600mm 左右，因刨床较长，用于木材加宽的刨削拼缝。

d. 净刨。又称光刨,长度为 150～180mm,用于木制品最后的细致刨削,加工后的木料表面平整光滑。平刨主要由刨床、刨刃、刨楔、盖铁、刨把组成,见图 1-12。

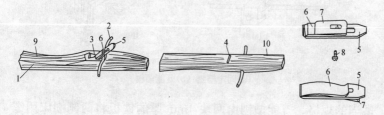

图 1-12　平刨
1—刨床;2—刨把;3—刨羽;4—刨口;5—刨刃;6—盖铁;7—刨楔;8—螺钉;
9—刨背;10—刨底

刨床用耐磨的硬木制成,宽度比刨刃约宽 16mm,厚度一般为 40～45mm。为防止刨床翘曲变形,要选择纹理通直,经过干燥处理的木料制作。刨床上面开有刨刃槽,槽内横装一根横梁;也可将刨刃槽前部开成燕尾形,将刨刃等卡在刨口,刨床底面有刨口,刨刃嵌入后,刃口与刨口的空隙要适当,一般长刨和净刨间隙不大于 1mm,荒刨不小于 1mm。

刨刃宽度为 25～64mm,最常用的是 44mm 和 51mm 两种。刨刃装入刨床内与刨腹的夹角视用途而定,长刨约 45°,荒刨约42°,净刨约 51°。

刨把用硬木制成,可做成椭圆断面形状。刨把整个形状可做成燕翅形,其安装方式有三种:用螺钉固定;卡入刨刃后面的槽内;将刨把穿入刨床上。

②槽刨。槽刨是供刨削凹槽用的。有固定槽刨和万能槽刨两种,见图 1-13。

常用槽刨的刨刃规格为 3～15mm,使用时应根据需要选用

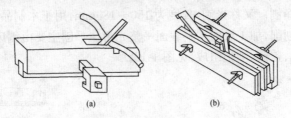

图 1-13　槽刨

(a)固定槽刨；(b)万能槽刨

适当的规格。万能槽刨由两块 4mm 厚的铁板将两侧刨床用螺栓结合在一起，在两侧铁板上锉有斜刃槽、槽刨刃槽。使用时将斜刃插入燕尾形刃槽内固定；槽刨刃装入刨床槽内，利用两只螺栓拧紧两侧刨床，将刨刃夹紧固定。万能槽刨可以有不同宽度的刨刃，根据刨削槽的宽度，可更换适当规格的刨刃使用。万能槽刨的刨床也有用几块硬木制成的。

③线刨。线刨有单线刨和杂线刨两种，刨床长度约 200mm，高度约 50mm，宽度按需要而定，一般在 20～40mm，刨刃与刨床的刨腹夹角一般为 51°左右。

a. 单线刨。能加宽槽的侧面和底面，能清除槽的线脚，也可单独打槽、裁口和起线。单线刨构造简单，见图 1-14。刨刃的宽度不宜超过 20mm。

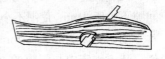

图 1-14　单线刨

b. 杂线刨。杂线刨有较多线刨，主要用于木装饰线的刨削，如门窗、家具和其他木制品的装饰线，也可刨制各种木线。杂线刨形状很多，仅列出几种供参考，见图1-15。

④边刨。又名裁口刨，主要用于木料边缘裁口的刨削，见图1-16。

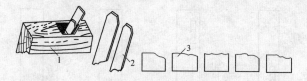

图 1-15　杂线刨
1—刨床；2—刨刃；3—线模

⑤轴刨。又称蝙蝠刨，轴刨有铁制和木制，刨身短小，刨刃可用螺栓固定在刨床上，适合于刨削小木料的弯曲部分。刨削时用身体抵住木料后进行刨削。

铁刨有平底、圆底和双弧圆等几种。平底刨用以刨削外圆弧；圆底刨用来刨削内圆弧；双弧圆底刨用以刨削双弧面的木料，见图 1-17。

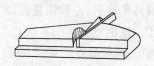

图 1-16　边刨

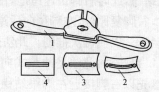

图 1-17　轴刨
1—铁柄；2—双圆弧底刨；3—圆底刨；4—平底刨

（2）推刨子的要领。

木工用刨子最注意三法，即步法、手法、眼法，这三法是推刨的基本功。

①步法。原地推刨时，身体一般站在工作台的左边，左脚在前，右脚在后，左腿成弓步，右腿成箭步，两手端刨，用力向前推，身体向前压。若木料较长时，就需要走动，走动的基本步法为提步法、踮步法、跨步法和行走法四种，见图 1-18。

a. 提步法：提步法是在原地运动。开始推刨时，左脚提起，右脚站定，并用力向前蹬，当左脚移到木料长度的一半以上时即

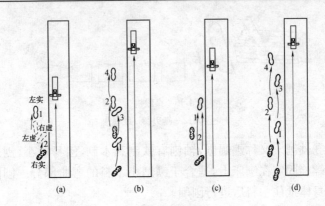

图 1-18　推刨步法

(a)提步法；(b)踮步法；(c)跨步法；(d)行走法

落地站稳,此时右脚快速蹬地,使身体继续向前运动。当刨到尽头时,右脚复原位,左脚稍向后蹬,待身体平稳后,左脚恢复到原提起状态,以便再次推刨。此法适用于一次能刨到头的木料。

b. 踮步法:此法是冲刺式向前运动。在原地推刨姿势的基础上,先以右脚接近左脚跟站稳,这时左脚迅速跨前一步,落地站稳后,右脚再靠近左脚跟站稳,左脚再迅速向前跨一步。此法适用于长刨刨长料。

c. 跨步法:以左脚为定点,右脚向左脚前跨一步,当刨推到头时,右脚马上向后蹬,引到原位,此法适用于一刨推到头的起线、裁口等工作。

d. 行走法:以走路的方式推刨前进。即右脚跨过左脚落地站定时,左脚向前走一步。以此类推。此法适用于刨长线、长槽、长缝等,推刨时,身体向前下方向要有一定的冲刺力。

②手法。推刨时,两食指分别压在刨膛的两边,两拇指同压在刨背上,其余手指握刨柄。也可根据具体情况掌握。开刨时,两食指要紧压刨背的前身;推刨到中间时,两拇指和食指要同时

用力;推刨到末端头,两拇指紧压刨背的后身。刨腹要始终平贴材面运动。两手腕尽量向下压,手腕、肘、臂和身体的力要全部集中于刨床上。手腕不可高吊,以防遇到节子逆伤手指。刨削时,手是掌握刨削方向、位置及平稳的,刨推的力量主要靠身体运动,特别是腰力在刨推中起决定性的作用。

刨推应拉长距,不要碎刨短推,最好将刨子拉到身后向前长推。每刨一块料,都要先用短手刨净,用长手推刨。两相接处要先轻后重,逐渐加大压力,两刨衔接处不留刨痕,推刨时要养成直推习惯,以防斜推木料翘曲,见图 1-19。

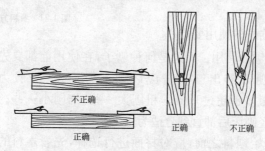

不正确

正确

正确　　　　不正确

图 1-19　推刨要领

在刨削倒棱、断面时,一般采用单手推刨。单手推刨有两种方法,见图 1-20。刨削断面时要先刨斜一面,然后再翻面刨削,防止戗劈。

图 1-20　单手推刨

③眼法。木料刨削后,是否方正平直、木板拼粘后有无缝隙是衡量木工刨削水平和眼力的重要标准。木工用眼力测定木料的方法一般有两种:一是站在料旁,以看平面的纵长线为标准,看对面边线是否与其重合,若重合则表示材面平直;否则表示不平直;二是站在料的端部,以所看平面的横端线和身边的两角为标准,看另一头的两角和端部是否平直,来判断和测定材面是否平直。看料一般用右眼顺光看,但也要练习背光看。看料方法见图1-21。

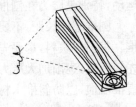

图1-21　看料方法

(3)刨子的使用要点。

①平刨的使用。无论是何种刨子,在使用前都要先将刨刃量调好,刨刃露出刨身量应以刨削量而定,一般为 0.1～0.5mm,最多不超过1mm。粗刨大一些,细刨小一些。若露出量大,可轻刨床后部直到合适为止。

在开始刨料之前,应对材面进行选择,先看木料的平直程度,再识别是心材还是边材,是顺纹还是逆纹。一般应选比较洁净、纹理清楚的心材作正面,先刨心材面,再刨其他面,要顺纹刨削,既省力又使刨削面平整、光滑。

第一个面刨好后,用眼检查材面是否平直,认为无误后,再刨相邻的侧面。该面刨好后应用线勒子画出所需刨材面的宽度线和厚度线,依线再刨其他面,并检查其刨好后的平直和垂直程度。

②线刨、边刨的使用。在使用前首先要调整好刨刃的露出量。这两种刨的操作方法基本相似,用右手拿刨,左手扶料。刨削时应先从离木料前端约200mm处向前刨削,然后再后退一定距离向前刨。依此方法,一直刨到后端。最后再从后端一直刨

到前端,使线条深浅一致。

③槽刨的使用。使用前先调整刨刃的露出量及挡板与刨刃的位置,以右手拿刨,左手扶料,先从木料后半部向前端刨削,然后逐渐从前半部开始刨削。如果是带刨把的槽刨,应将木料固定后,双手握刨,从木料的前半部向前刨,逐步后退到木料末端刨完为止。

开刨时要轻,待刨出凹槽后再适当增加力量,直到最后刨出深浅一致的凹槽。

④轴刨的使用。先将木料稳固住,调整好刨刃,两手握刨把,刨底紧贴材面,均匀用力向前推刨。轴刨一般是刨削曲线部分,在刨削中,常遇戗茬,为使刨削面光滑,可调刨头后两手向后拉刨。

(4)刨刃的研磨。

刨刃用久后,刃口就会变钝,刨削效率降低而且费力,同时也刨不出平整光滑的表面,因此需要磨刃。

磨刃所用磨石,有粗磨石和细磨石。一般先用粗磨石磨刨刃的缺口或平刃口的斜面,用细磨石把刃口研磨锋利。

研磨时,先在粗磨石面上洒水,用右手捏住刨刃上部,食指、中指(亦可只用食指)压在刨刃上面,左手食指和中指也压在刨刃上,使刃口斜面紧贴磨石面,前后推磨,见图1-22。刨刃锋口磨得极薄时再换细磨石研磨,当锋刃磨到稍向正面倒卷时,可把刨刃正面贴到磨石上横磨,反复磨至刃锋锋利为止。

正磨　　　　　反背

图 1-22　刨刃的研磨

5. 凿孔工具

(1)凿子的种类

凿子可分为平凿、圆凿和斜凿，见图1-23。一般最常用的是平凿。平凿有窄刃和宽刃两种。

①窄刃凿。是凿眼的专用工具。其宽度规格有 3mm、5mm、6.5mm、8mm、9.5mm、12.5mm、16mm 等，刃口角度为 30°左右。凿宽即为所加工的榫眼的宽度。由于窄凿很厚，所以凿深眼撬屑时不易折弯、折断。

②宽刃凿。也称薄凿或铲，主要用以铲削，如铲棱角、修表面等。其宽度一般在 20mm 以上，刃口角度为 15°~20°。由于凿身较薄，故不宜凿削使用。

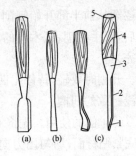

图1-23 凿子

(a)平凿;(b)圆凿;(c)反口圆凿
1—凿刃;2—凿身;3—凿库;
4—凿柄;5—凿箍

(2)凿子的使用方法。

凿眼前，先将已划好榫眼墨线的木料放置于工作台上。凿孔时，左手握凿（刃口向内），右手握斧敲击，从榫孔的近端1逐渐向远端2凿削，先从榫孔后部下凿，以斧击凿顶，使凿刃切入木料内，然后拔出凿子，依次向前移动凿削。一直凿到前边墨线3，最后再将凿面反转过来凿削孔的后边4，见图1-24。

另外，还有一种下凿顺序是先从孔的后部（近身）下凿，凿斜面向后，第2、3凿翻转凿面亦是斜向下凿，第4、5凿均为下直凿做两端收口，见图1-25。

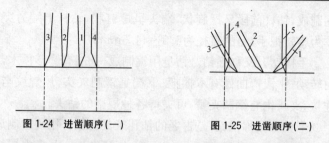

图 1-24　进凿顺序(一)　　　　　图 1-25　进凿顺序(二)

凿完一面之后,将木料翻过来,按以上的方式凿削另一面。当孔凿透以后,须用顶凿将木渣顶出来。如果没有顶凿,可以用木条或其他工具将孔内的木屑顶出来,凿孔方法和铲削方法见图 1-26。

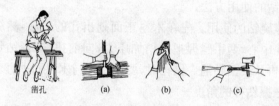

图 1-26　凿孔和铲削方法
(a)单手垂直铲削;(b)单手平行铲削;(c)双手平行铲削

(3)凿刃的研磨。

凿子长时间使用,刃口就会变钝,严重时会出现缺口或断裂。若出现缺口或刃口开裂,必须在砂轮机或油石上磨锐。凿子的研磨方法与刨刃的研磨大致相似。凿子不可在磨石中间研磨,以防磨石中间出现凹沟现象。

6. 钻孔工具

(1)钻的种类。

钻是木工钻孔的工具,常用的有螺旋钻、手摇钻和牵钻。

①螺旋钻。又称麻花钻。钻杆长度为 500~600mm,用优

质钢制成,钻杆前段呈螺旋状,端头呈螺钉状,钻杆上端另穿木柄作为旋转把手,钻的直径为6.5~44.5mm。

②手摇钻。又称摇钻。钻身用钢制成,上端有圆形顶木,可自由转动;中段弯曲处有木摇把;下端是钢制夹头,用螺纹与钻身连接,夹头内有钢制夹簧,可夹持各种规格的钻头。

③牵钻。又称拉钻,是古老的钻孔工具。钻杆用硬木制成,长400~500mm,直径30~40mm,分上下两节。上节为握把,呈套筒形;下节有卡头,卡头内呈方锥形深孔,可装钻头。在钻杆上部绕上皮索与拉杆相连,推拉拉杆,即可反复旋转。此钻的钻力较小,只适用于钻直径2~8mm的小孔。

(2)钻的使用方法。

①螺旋钻的使用。先在木料正面划出孔的中心,然后将钻头对准孔中心,两手紧握把手稍加压力,向前扭拧;当钻到孔的一半时,再从反面钻通。钻孔时,要使钻杆与木料面垂直。斜向钻孔要把握钻杆的角度。

②手摇钻的使用。左手握住顶木,右手将钻头对准孔中心,然后左手用力压顶木,右手摇动摇把,按顺时针方向旋转,钻头即钻入木料内。钻孔时要使钻头与木料面垂直,不要左右摆动,防止折断钻头。钻透后将倒顺器反向拧紧,摇把按逆时针方向旋转,钻头即退出。

③牵钻的使用。左手握把,钻头对准孔中心,右手握住拉杆水平推拉,使钻杆旋转,钻头即钻入木料内。钻孔时,要保持钻杆与木料面的垂直,不得倾斜。

7. 带锯机

带锯机是用来对木材进行直线纵向锯剖的设备,是一种可以把原木锯剖为成材的木工机械。带锯机按用途不同可分为原木带锯机、再剖带锯机和细木带锯机三种。按其组成不同又可分为台式带锯机、跑车带锯机和细木带锯机,由于锯剖木材的大小和用途不同,所以带锯机还有大、中、小之分。带锯机的大小依照锯齿轮的直径规格及送料系统的情况而定。常用的有台式木工带锯机,此类锯机有台式的 MJ3310 型、MJ3310A 型及普通的 MJ3310 型等型号。大部分以手工进给为主。以 MJ3310A 型锯机为例,简述台式木工带锯机的构造及原理。

　　MJ3310A 型台式木工带锯机的外形结构,见图 1-27。主要由机体、上锯轮、上锯轮调整装置、锯条张紧装置、下锯轮、锯卡子、锯壁子、平台、制动装置、锯屑刮板及电动机等组成。

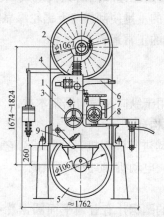

图 1-27　台式木工带锯机外形结构示意图

1—机体;2—上锯轮;3—上锯轮调整装置;4—锯条张紧装置;

5—下锯轮;6—锯卡子;7—锯壁子;8—平台;9—手柄连杆

　　(1)工作台。

　　工作台由锯壁子和平台组成。平台装在机座上,平台上装有锯壁子。锯壁子可以按尺寸要求调整,并具有微调机构,以保证锯割木材的精度。

（2）锯卡子。

在锯机的前方装有上、下两个锯卡子。下锯卡子装在平台上，上锯卡子装在机身滑动臂上，可由电动机操纵使上锯卡子按要求升降。

（3）制动装置。

由手柄连杆和制动块等组成。制动块装在机座内部、下锯轮的上部，借操作手柄连杆使制动块压在下锯轮上，使锯机迅速停止运转。

（4）锯屑刮板装置。

锯屑刮板装置由压锤和刮屑铜板组成，装在锯条张紧装置的横轴上，借压锤的重量使刮板与上锯轮缘靠紧，清除上锯轮上的锯屑，保证锯条的正常运转。

8. 圆锯机

圆锯机主要用于纵向及横向锯割木材。

（1）圆锯机的构造。

MJ109 型手动进料圆锯机，见图 1-28，它是由机架台面、锯片、锯比子（导板）、电动机、防护罩等组成。

（2）圆锯片。

圆锯机所用的圆锯片有普通平面圆锯片和刨锯片两种，普通平面圆锯片的两面都是平直的，锯齿经过拨料，用来纵向锯割和横向截断木料，是广泛采用的一种锯片。刨锯片是从锯齿中心部位逐渐变薄，不用拨料，锯条表面有凸棱，对锯割面兼有刨光作用。

（3）圆锯片的齿形与拨料。

锯齿的拨料是将相邻各齿的上部互相向左右拨弯，见图1-29。

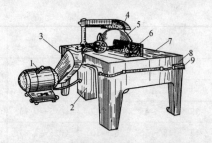

图 1-28　MJ109 型手动进料圆锯机

1—电动机；2—开关盒；3—带罩；4—防护罩；5—锯片；

6—锯比子；7—台面；8—机架；9—双联按钮

圆锯片锯齿形状与锯割木材的软
硬、进料速度、光洁度及纵割或横割等有
密切关系应依使用要求选用。一般圆锯
片齿形分纵割齿和横割齿两种。常用的
几种齿形或齿形角度、齿高及齿距等有
关数据见表 1-6。

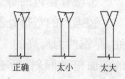

图 1-29　锯齿的拔料

表 1-6　　　　　　　　　　　　锯齿及特征

锯片名称	类型	简图	用途	特征
圆锯片齿形	纵割齿	纵割齿	主要用于纵向锯割，亦用于横割	以纵割为主，但亦可横割，齿形应用较广泛
	横割齿	横割齿	用于横向锯割	锯割时速度较纵向慢，但较光洁

锯片名称	类型	简　　图			用　途	特　征	
圆锯片齿形	锯割方法	齿形角度			齿高 h	齿距 t	槽底圆弧半径 r
		α	β	γ			
	纵割	$30°\sim35°$	$35°\sim45°$	$15°\sim20°$	$(0.5\sim0.7)t$	$(8\sim14)s$	$0.2t$
	横割	$35°\sim45°$	$45°\sim55°$	$5°\sim10°$	$(0.9\sim1.2)t$	$(7\sim10)s$	$0.2t$

注：s 为锯片厚度。

正确拨料的基本要求如下：

①所有锯齿的每边拨料量都应相等。

②锯齿的弯折处不可在齿的根部，而应在齿高的一半以上处，厚锯约为齿高的 1/3，薄锯为齿高的 1/4。弯折线应向锯齿的前面稍微倾斜，所有锯齿的弯折线与锯齿尖的距离都应当相等。

③拨料量应与工作条件相适应，每一边的拨料量一般为 0.2～0.8mm，约等于锯片厚度的 1.4～1.9 倍，最大不应超过 2 倍。软料湿材取较大值，硬材与干材取较小值。

④锯齿拨料一般采用机械和手工两种方法，目前多以手工拨料为主，即用拨料器或锤打的方法进行。

(4)圆锯机的操作注意事项。

①圆锯机操作前，应先检查锯片是否安装牢固，以及锯片是否有裂纹，并装好防护罩及保险装置。

②安装锯片时应使其与主轴同心，片内孔与轴的空隙不应大于 0.15～0.2mm，否则会产生离心惯性力，使锯片在旋转中摆动。

③法兰盘的夹紧面必须平整，要严格垂直于主轴的旋转中心，同时保持锯片安装牢固。

④锯旧料时,必须检查被锯割木材内部是否有钉子,或表面是否有水泥渣,以防损伤锯齿,甚至发生伤人事故。

⑤操作时应站在锯片稍左的位置,不应与锯片站在同一直线上,以防木料弹出伤人。

⑥送料不要用力过猛、过快,木材相对台面要端平,不要摆动或抬高、压低。

⑦锯剖木节处要放慢速度,并应注意防止木节弹出伤人。

⑧纵向剖长料时,要两人配合,上手将木料沿着导板不偏斜地均匀送进。当木料端头露出锯片后,下手用拉钩抓住,均匀地拉过,待木料拉出锯台后方可用手接住。锯剖短木料时必须用推杆送料,不得一根接一根地送料,以防锯齿伤手。

⑨为了避免锯剖时锯片因摩擦发热产生变形,锯片两侧要装冷水管。

9. 刨削机械

刨削机械主要有手压刨、压刨、三面刨和四面刨。

(1)手压刨。

手压刨又称平刨,由机座、台面(工作台)、刀轴、刨刀、导板、电动机等组成,现在工地已普遍应用,见图1-30。

①手压刨的组成。

a. 机座。机座台面用铸铁制成。

b. 工作台。工作台可分为前工作台和后工作台,台面光滑平直,台面下部两边有角形轨道,与机座角槽配合在一起。台面底部前后两端装设手轮,通过手轮转动丝杠,使台面沿着轨道上升下降,用来调节刨刀露出台面的高低。在刨削时,后台面应与刨刀刃的高度一致,前台面低于后台面的高度就是刨层的厚度,这样可提高加工构件的精度。

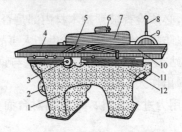

图 1-30　平刨机(手压刨)

1—机座；2—电动机；3—刀轴轴承座；
4—工作台面；5—扇形防护罩；6—导板支架；
7—导板；8—前台面调整手柄；9—刻度盘；
10—工作台面；11—电钮；12—偏心轴架护罩

c. 刀轴。机座顶部两侧装设轴承座,刀轴装在轴承内。刀轴的中部开有两个键槽,键槽内装配两片刨刀。当装在机座底部的电动机开动时,通过刀轴末端的 V 带轮,带动刀轴运转即可刨削。

d. 导板。台面上装有活动导板,可根据刨削构件的角度要求来调整导板的立面角度。

e. 刨刀。刨刀有两种:一是有孔槽的厚刨刀;二是无孔槽的薄刨刀。厚刨刀用于方刀轴及带弓形盖的圆刀轴;薄刨刀用于带楔形压条的圆刀轴。常用刨刀尺寸是:长度 200～600mm,厚刨刀厚度 7～9mm,薄刨刀厚度 3～4mm。

刨刀变钝一般使用砂轮磨刀机修磨。刨刀的磨修要求达到刨削锋利、角度正确、刃口成直线等。刃口角度:刨软木为 35°～37°,刨硬木为 37°～40°。斜度允许误差为 0.02%。

修磨时在刨刀的全长上,压力应均匀一致,不宜过重,每次行程磨去的厚度不宜超过 0.015mm,刃口形成时适当减慢速度。磨修时要防止刨刀过热退火,无冷却装置的应用冷水浇注退热。操作人员应站在砂轮旋转方向的侧边,以防止砂轮破碎飞出伤人。

为保证刨削木料的质量,需要精确地调整刀刃装置,使各刀刃离转动中心的距离一致。刀刃的位置,一般用平直的木条来检验,将刨刀装在刀轴上后,把木条的纵向放在后台面上伸出刨口,木条端头与刀轴的垂直中心线相交,然后转动刀轴,沿刨刀全长取两头及中间做三点检验,看其伸出量是否一致。

②手压刨安全防护装置。手压刨是用手推工件前进,为了防止操作中伤手,必须装有安全防护装置,确保操作安全。

手压刨的安全防护装置常用的有扇形罩、双护罩、护指键等,见图 1-31。

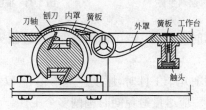

图 1-31　双护罩

③手压刨操作注意事项。

a. 操作前必须检查安全防护装置,并试运转达到要求后再进行加工操作。

b. 操作前要进行工作台的调整,前台要比后台略低,高度差即为刨削厚度,一般控制在 1~2.5mm 之间,一般经 1~2 次刨削行程即可刨平刨直。

c. 刨削前,应对需加工材料进行检查,以确定正确的加工方案,板厚在 30mm 以下,长度不足 300mm 的短料,禁止在手压刨上进行刨削,以防发生伤手事故。

d. 单人操作时,人要站在工作台的左侧中间,左脚在前,右脚在后,左手按住木料,右手均匀地推送,见图1-32。当右手离刨15cm时,即应脱离料面,靠左手推送。

e. 无论何种材质的刨料,都应顺茬刨削,遇有戗茬、节疤、纹理不直、坚硬等材料时,要降低刨削的进料速度。一般进料速度控制在4～15m/min,刨时先刨大面,后刨小面。

f. 刨削较短、较薄的木料时,应用推棍、推板推送,见图1-33。

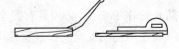

图1-32　刨料手势　　　　　图1-33　推棍与推板

g. 两人同时操作时,要互相配合,木料过刨刃300mm后,下手方可接拉。

h. 同时刨削几个工件时,厚度应基本相等,以防薄的构件被刨刀弹回伤人。应尽量避免同时刨削多个工件。

(2)自动压刨机。

自动压刨机可以将经过手压刨刨过的两个相邻木料,刨削成一定厚度和一定宽度规格的木料。

①自动压刨机的构造。自动压刨机由机身、工作台、刀轴、刨刀滚筒、升降系统、防护罩、电动机等组合而成。常用的有MB103型和MB1065型两种,图1-34为MB1065型单面自动压刨机。

②操作前应检查安全装置,调试正常后再进行操作。

③应按照加工木料的要求尺寸仔细调整机床刻度尺,每次吃刀深度应不超过2mm。

④自动压刨机由两人操作。一人进料,一人按料,人要站在

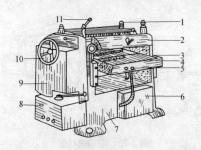

图 1-34　MB1065 型自动压刨机

1—上滚筒压紧弹簧;2—进料防护罩;3—下料筒;

4—工作台;5—开关按钮;6—电源箱;7—机身;8—变速箱;

9—传动部分防护罩;10—工作台升降手轮;11—防护罩手柄

机床左、右侧或稍后为宜。刨长的构件时,两人应协调一致,平直推进顺直拉送。刨短料时,可用木棒推进,不能用手推动。如发现横走时,应立即转动手轮,将工作台面降落或停车调整。

⑤操作人员工作时,思想要集中,衣袖要扎紧,不得戴手套,以免发生事故。

10. 轻便机具

轻便机具用以代替手工工具,用电或压缩空气作动力,可以减轻劳动强度,加快施工进度,保证工程质量。轻便机具的特点是:重量轻、大部分机具单手自由操作;体积小,便于携带与灵活运用;工效快,与手工工具相比,具有明显的优势。常用的有手锯、手电刨、电钻、电动起子机、电动砂光机等。

(1)手锯。

①曲线锯。又称反复锯,分水平和垂直曲线锯两种,见图1-35。

对不同材料,应选用不同的锯条,中、粗齿锯条适用于锯割

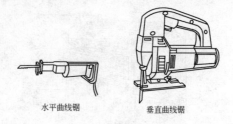

水平曲线锯　　　　　垂直曲线锯

图 1-35　电动曲线锯

木材;中齿锯条适用于锯割有色金属板、压层板;细齿锯条适用于锯割钢板。

曲线锯可以作中心切割(如开孔)、直线切割、圆形或弧形切割。为了切割准确,要始终保持机体底面与工件成直角。

操作中不能强制推动锯条前进,不要弯折锯片,使用中不要覆盖排气孔,不要在开动中更换零件、润滑或调节速度等。操作时人体与锯条要保持一定的距离,运动部件未完全停下时不要把机体放倒。

对曲线锯要注意经常维护保养,要使用与金属铭牌上相同的电压。

②圆锯。手提式电动圆锯见图 1-36。手提式电锯的锯片有圆形的钢锯片和砂轮锯片两种。钢锯片多用于锯割木材,砂轮锯片用于锯割铝、铝合金、钢铁等。

操作中要注意的事项同曲线锯。

(2)手电刨。

手提式木工电动刨见图 1-37。手电刨多用于木装修,专门刨削木材表面。

使用方法及注意事项如下:

①两刨刀必须同时装上并且位置准确,刃口必须与底板成同一平面,伸出高度一致。

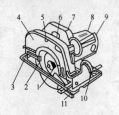

图 1-36　手提式木工电动圆锯

1—锯片；2—安全护罩；3—底架；4—上罩壳；5—锯切深度调整装置；6—开关；7—接线盒手柄；8—电机罩壳；9—操作手柄；10—锯切角度调整装置；11—靠山

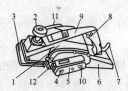

图 1-37　手提式木工电动刨

1—罩壳；2—调节螺母；3—前座板；4—主轴；5—皮带罩壳；6—后座板；7—接线头；8—开关；9—手柄；10—电机轴；11—木屑出口；12—碳刷

②刨削毛糙的表面,顺时针转动机头调节螺母,先取用较大的刨削深度,并用较慢的推进速度。刨出平整面后,再用较小的刨削深度,即逆时针转动调节螺母,并用适当的速度均匀地刨削。

③刨刀的刀刃必须锐利。

④电刨必须经常保持清洁,使用完毕后应进行清理。

⑤使用时要戴绝缘手套,以防触电。

(3)电钻。

手提式电钻基本上分为两种:一种是微型电钻;另一种是电动冲击钻,见图 1-38 和图 1-39。

图 1-38　微型电钻

图 1-39　电动冲击钻

手提式电钻是开孔、钻孔、固定的理想工具。微型电钻适用于金属、塑料、木材等钻孔,电子型号不同,钻孔的最大直径为 13mm。

电动冲击钻适用于金属、塑料、木材、混凝土、砖墙等钻孔,最大直径可达 22mm。

电动冲击钻是可以调节并旋转带冲击的特种电钻。当把旋钮调到旋转位置,装上钻头,像普通电钻一样,可以对部件进行钻孔。如果把旋钮调到冲击位置,装上合金冲击钻头,可以对混凝土、砖墙进行钻孔。

操作时先接上电源,双手端正机体,将钻头对准钻孔中心,打开开关,双手加压,以增加钻入速度。操作时要戴好绝缘手套,防止电钻漏电发生触电事故。

(4)电动起子机。

电动起子机具有正反转按钮,主要作用是紧固木螺钉和螺母,见图 1-40。

(5)电动砂光机。

电动砂光机(图 1-41)的主要作用是将工件表面磨光。操作时,拿起砂光机离

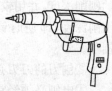

图 1-40　电动起子机

开工件并起动电机,当电机达到最大转速时,以稍微向前的动作把砂光机放在工件上,先让主动滚轴接触工件,向前一动后,就让平板部分充分接触工件。砂光机平行于木材的纹理来回移

动,前后轨迹稍微搭接。不要给机具施加压力或停留在一个地方,以免造成凹凸不平。

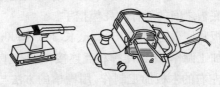

图 1-41　砂光机

为达到木制品表面磨光要求,可用粗砂先做快磨,用细砂磨最后一遍。安装和调换砂带时,一定要切断电源。

三、常用模具及小工具制作

1. 常用模具制作

(1)死模。

死模也称死马,适用于顶棚四周与墙面交接处设置的灰线抹灰,以及较大的灰线抹灰,见图 1-42。

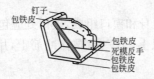

图 1-42　死模

死模可选用红、白松木制作,中间的一块木板称模身,上口有灰线处称模口。在模口包以白铁皮,以减少抹灰时的摩擦阻力。模口线条的形状、数量及大小根据设计要求而定。顶面的一块木板称为死模侧板,在死模侧板上钉的金属片或长方形小木块称模头,抹灰时模头紧靠上靠尺。底面的木板称为死模底板,底板下面有一根小木条,抹灰线时,小木条坐在下靠尺上。死模侧板与底板之间的斜杆称死模把手。

死模侧板和底板可用宽150mm、长300～500mm、厚25mm左右的木板加工制作,用燕尾榫相互连接,模头包白铁皮。模身用厚25mm左右的木板加工制作,用榫槽的方法与侧板及底板连接。死模把手可用直径为25mm的圆木制成,与死模侧板及底板构成45°斜角固定。

(2)活模。

活模也称活马,适用于梁底及门窗角处抹制灰线,见图1-43。

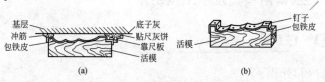

图1-43　活模

(a)活模、冲筋、靠尺板的关系；(b)活模

活模一般由模身和模口组成,模口处应包白铁皮。使用时,一端靠在一根靠尺上,另一端靠在冲筋上,用两手握模捋出灰线条。

活模可用长250～400mm、宽50～80mm、厚30mm左右的松木板制成。模口处线条的形状、数量及尺寸由设计确定。

2. 常用工具制作

(1)合页式喂灰板。

合页式喂灰板是配合死模扎制灰线时的上灰工具,见图1-44。

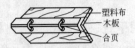

图 1-44　合页式喂灰板

合页式喂灰板是根据灰线的大致形状，用铅丝将长 300～500mm、宽 200～500mm、厚 20mm 左右的两块或数块木板穿孔连接而成，能折叠、转动使用。

（2）接角尺。

接角尺是用于木模无法抹到的灰线阴角接头的工具，见图 1-45（a）。

接角尺可选用硬质木板制成，有斜度的一边为刮灰的工作面。它的长短、大小以镶接合拢长度确定，两端做成 45°斜角，形状和尺寸见图 1-45（b）。

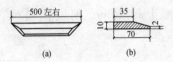

（a）　　　　　（b）

图 1-45　灰线接角直尺(mm)

（a）形状；（b）尺寸

（3）皮数杆。

皮数杆是施工时控制层高、砌砖皮数和各构件安装标高等用的工具，见图1-46。

皮数杆一般用断面为 50mm×50mm 的松木制作，长度要大于一个楼层高度，四面刨直、刨光，上面画出楼层标高、构件位置及砖的皮数。

（4）靠尺。

靠尺也称托线板，是用于检查墙面垂直度与平整度的工具，见图1-47。

靠尺一般应选用平直、变形小的红、白松木板制成,宽为100mm或200mm,长为1.0m或2.0m,厚度约为20mm。两个侧面要求刨削得绝对平直且平行,靠尺上端做成60°夹角的斜面,夹角处开一条小缝,用于拴挂线锤。靠尺下端做成一个夹角为60°角的缺口,缺口上端横向刻上刻度,与靠尺板的中心线重合处的刻度应为零。

(5)塞尺。

塞尺也称楔形尺,是用来检查墙面平整度的工具,见图1-48。

塞尺可用硬木、牛角、金属、塑料等材料制成,长100mm,厚的一端厚度为10mm,长厚比为10:1,尺面上每10mm刻度代表尺厚1mm。

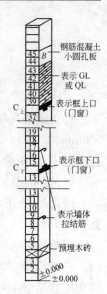

图1-46　皮数杆

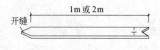

图1-47　靠尺

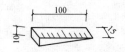

图1-48　塞尺(mm)

四、榫制作及木工配料

1. 榫的制作

(1)榫结合。

榫结合的基本类型,见图1-49。

榫头及各部位名称,见图1-49(a)。

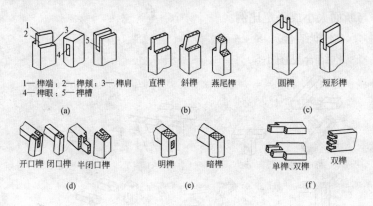

1—榫端；2—榫颊；3—榫肩；
4—榫眼；5—榫槽
(a)

直榫 斜榫 燕尾榫
(b)

圆榫 短形榫
(c)

开口榫 闭口榫 半闭口榫
(d)

明榫 暗榫
(e)

单榫、双榫 双榫
(f)

图 1-49 榫结合的基本类型

榫结合的基本类型：

①按榫头及本身角度区分，可分为直榫、斜榫、燕尾榫，见图 1-49(b)。直榫应用广泛，斜榫很少采用；燕尾榫比较牢固，榫肩的倾斜度不得大于 10°，否则易发生剪切破坏。

②按榫头与方材本身的整体性分，分可为圆榫、矩形榫，见图 1-49(c)。圆榫可以节约木料，且可省去开榫、割肩等工序。在两个连接工件上钻眼即可结合。短形榫工艺简单，可提高工效。

③按榫槽顶面是否开口区分，可分为开口榫、闭口榫、半闭口榫，见图 1-49(d)。直角开口榫接触面积大，强度高，但榫头一个侧面外露，影响美观；闭口榫接合强度较差，一般用于受力较小的部位；半闭口榫应用较广泛。

④按榫头贯通与否区分，可分为明榫、暗榫，见图 1-49(e)。明榫榫眼穿开，榫头贯通。加榫后结实、牢固，应用较广泛；暗榫不露榫头，外表较美观，但连接强度较差。

⑤按榫头多少区分，可分为单榫、双榫、多榫，见图 1-49(f)。一般框架多用单榫、双榫。箱柜或抽屉则常用多榫。榫头多少

与断面大小成一定比例。

(2)框结合。

框结合见图1-50。

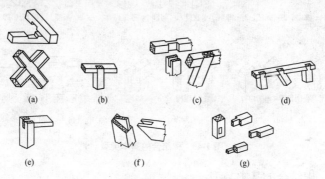

(a)　　　　(b)　　　　(c)　　　　(d)

(e)　　　　(f)　　　　(g)

图 1-50　框结合

(a)十字形结合;(b)丁字形结合;(c)双肩形丁字结合;(d)燕尾榫丁字结合;
(e)直角柄榫结合;(f)两面斜角结合;(g)平纳接结合

①十字形结合,见图1-50(a)。十字相接的两根木料,在结合相对部位各切对称的半口,结合后加木梢紧固。常用于互相交叉的撑子。

②丁字形结合,见图1-50(b)。一根方木上作榫槽,另一根方木上作单肩榫头,加工简单、方便,为增加结合强度,须带胶粘结和附加钉或木螺钉。

③双肩形丁字结合,见图1-50(c)。有两种结合形式,一种是中间插入,另一种是中间暗插,可根据木料的厚度及结构要求选用。

④燕尾榫丁字结合,见图1-50(d)。一根方木一侧作成燕尾榫槽,另一根作单肩燕尾榫头,用于框里横、竖斜撑的结合。

⑤直角柄榫结合,见图1-50(e)。在非装饰的表面,常用钉或销作附加紧固,结合较牢靠,用于中级框的结合。

⑥两面斜角结合,见图1-50(f)。双肩均做成45°的斜肩,榫端露明。适用于一般斜角结合,应用广泛。

⑦平纳接结合,见图1-50(g)。顶面不露榫,但榫头贯通,应用于表面要求不高的各种框架角结合。

(3)板的榫结合。

板的榫结合见图1-51。

①纳入接,见图1-51(a)。一块板上刻榫槽,将另一块板端直接镶入榫槽内。用于箱、柜隔板的T形结合。

②燕尾纳入接,见图1-51(b)。在一块板上刻单肩或双肩燕尾榫槽,在另一块板端做单肩或双肩燕尾榫头。用于要求整体性较高的搁板、隔板。

③对开交接,见图1-51(c)。板材不宽时,每块板端切去对应的缺口,相互交接,用于一般简单的结合。

④明燕尾交接,见图1-51(d)。一块板端刻燕尾榫,另一块板端做燕尾槽,互相交接,结合坚固。用于高级箱类的结合。

⑤暗燕尾交接,见图1-51(e)。一块板端做燕尾榫,另一块板端做不穿透的燕尾榫槽,结合后正面不露榫头。用于箱类、抽屉面板的结合。

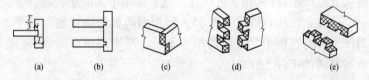

图 1-51　板的榫结合
(a)纳入接;(b)燕尾纳入接;(c)对开交接;(d)明燕尾交接;(e)暗燕尾交接

2. 板面拼合

(1)板面拼合。

①胶粘法,见图1-52(a)。两侧胶合面必须刨平、刨直、对

严,并注意年轮方向和木纹,木材含水率应在15％以下,用皮胶或胶粘剂将木板两侧相邻两侧面粘合。用于门心板、箱、柜、桌面板、隔板的粘合,用途广泛。

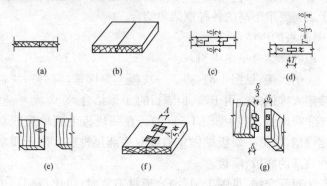

图 1-52　板面拼合
(a)胶粘法;(b)企口接法;(c)裁口接法;(d)穿条接法;
(e)裁钉接法;(f)销接法;(g)暗榫接法

②企口接法,见图1-52(b)。将木板两侧制成凹凸形状的榫、槽,榫、槽宽度约为板厚的1/3。常用于地板、门板等。

③裁口接法,见图1-52(c)。将木板两侧左上右下裁口,口槽接缝须严密,使其相互搭接在一起。多用于木隔断、顶棚板。

④穿条接法,见图1-52(d)。将相邻两板的拼接侧面刨平、对严、起槽,在槽中穿条连接相邻木板。用于高级台面板、靠背板等较薄的工件上。

⑤裁钉接法,见图1-52(e)。将拼接木板相接两侧面刨直、刨平、对严,在相接触侧面对应位置钻出小孔,将两端尖锐的铁钉或竹钉钉入一侧木板的小孔中,上胶后对准另一木板的孔,轻敲木板侧面至密贴为止。这是胶粘法的辅助方法。

⑥销接法,见图1-52(f)。在相邻两块木板的平面上用硬木制成拉销,嵌入木板内,使两板结合起来,拉销的厚度不宜超过

木板厚度的 1/3,如两面加拉销时,位置必须错开。用于台面或中式木板门等较厚的木板结合。

⑦暗榫接法,见图 1-52(g)。在木板侧面栽植木销,并将接触侧面刨直、对严,涂胶后将木销镶入销孔中。用于台面板等较厚的结合。

(2)拼板缝的操作要点。

在拼板缝操作时,木料必须充分干燥,刨削时双手按刨子,用力要均匀平衡,刨削时的起止线要长,如在拼 2m 左右的板时,全长推 2～3 刨就可将板缝刨直,使两板间的拼缝严密、齐整、平滑。板面之间要配合均匀,防止凹凸不平。

拼合的时候,要根据木板的厚薄,采取直拼(把木板直立)或平拼(木板放平);检查拼合面是否完全密接。木纹理的方向要一致,应能分辨出木材的表面和里面,并按形状配好接合面,画上标记。

胶料接合时,涂胶后要用木卡或铁卡在木板的两面卡住,并注意卡的位置是否适当,防止因卡过紧或不均匀使木板弯曲。

3. 木工配料

在确保工程质量的前提下,木工在配料过程中必须要考虑到节约木材的原则。在配料时要根据图示尺寸及设计要求,认真合理地选用木材,避免大材小用、长材短用及优材劣用。

(1)圆木制材。

用圆木制作半圆木、方木、板材,以及用偏心圆木划分板材,见图 1-53。

①圆木制作半圆木,见图 1-53(a)。将圆木放在木马架或凳子上,在圆木的小头端用眼吊看,确定弯曲较大的一面。将其转动到顶面,然后在顶面上弹一条墨线,再用线锤在木材两端吊

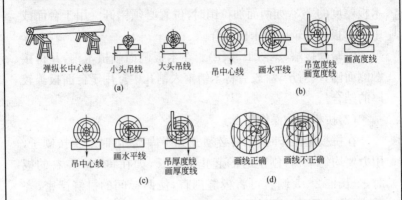

弹纵长中心线　　小头吊线　　大头吊线　　　吊中心线　　画水平线　　吊宽度线　　画高度线
画宽度线

(a)　　　　　　　　　　　　　　　　　　　　　(b)

吊中心线　　画水平线　　吊厚度线　　　画线正确　　画线不正确
画厚度线

(c)　　　　　　　　　　(d)

图 1-53　圆木制材

(a)圆木制作半圆木；(b)圆木制作方木；(c)圆木制作板材；(d)偏心圆木划分板材

看，并画出垂直中心线，画完后把木底面转向顶面，以两端截面中心线的端点在顶面弹出一条纵长中心线，依纵长中心线锯开即得两根半圆木。

②圆木制作方木，见图 1-53(b)。先在圆木大小头截面用吊线法画出垂直中心线，用尺平分为二等分，中间的点为方木的中心，再用角尺通过中心画一水平线，然后按照要求的尺寸，利用十字线画出方木边线。在大头同样画出边线，用墨斗线连接两截面画出方木棱角线，弹出纵长墨线。依线锯掉四边边皮即可得到方木。

③圆木制作板材，见图 1-53(c)。一般要用较平直的圆木，在端截面上用线锤吊中心线，用角尺画出水平线，在水平线上按板材厚度(加上锯缝宽)，由截面中心向两边画平行线，然后连接相应的板材棱角点，用墨斗弹出纵长墨线，最后再锯出各块板材。

圆木锯解板材时，应注意年轮分布情况，使一块板材中的年轮疏密一致,以免发生变形。

④偏心圆木划分板材,见图1-53(d)。对于偏心的圆木,须注意划分板材时与年轮分布之间的关系,尽量使板材中年轮疏密一致,以免发生变形。图示为画线时的正确与不正确的画线方法。

(2)门窗配料。

在配门窗料时,首先要根据图纸或样板上所示的门窗各部件的断面和长度,写出配料加工单,在具体逐一选料、开料和截料过程中,应注意到:

①门窗料在制作时的刨削、拼装等的损耗,因此各部件的毛料尺寸要比其净料尺寸加大些,特别是门、窗梃两端均要放长一些,防止拼接上下冒头时其端部发生劈裂现象。

②应先配长料,后配短料,先配大料,后配小料。

③配料时还要考虑到木材的疵病,不要把节疤留在开榫、打眼或起线的地方,对腐朽、斜裂的木材应予采用。

④据毛料尺寸,在木材上画出截断线或锯开线时要考虑锯解的损耗量(即锯路大小),锯开时要注意到木料的平直,截断时木料端头要兜方。

第 2 部分　木工岗位操作技能

一、木屋架制作与安装

1. 木屋架的构造与要求

木屋架有多种形式,其中以三角形屋架应用最广。下面以三角形屋架为例介绍木屋架的制作与安装。

(1)屋架的基本组成。

三角形屋架主要由上弦(又称人字木)、下弦(又称大柁)、斜杆、竖杆(又称拉杆)等杆件组成。斜杆和竖杆统称为腹杆。上弦、下弦、斜杆用木料制成,竖杆用木料或钢制成,见图2-1。

图 2-1　三角形木屋架的组成

屋架各杆件的联结处称为节点,见图2-2。两节点之间的距离称为节间,屋架的两端节点称为端节点,两端节点的中心距离称为屋架的跨度,木屋架的适用跨度一般为 6~15m。屋脊处的节点称为脊节点。脊节点中心到下弦轴线的距离称为屋架高度

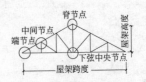

图 2-2　屋架的各节点

（又称矢高），木屋架的高度一般为其跨度的 1/5～1/4。屋架中央下弦与其他杆件联结处称为下弦中央节点，其余各杆件联结处称为中间节点。

两榀屋架之间的中心距离称为屋架间距，木屋架间距一般为 3～4m。

（2）屋架各杆件受力情况。

木屋架承受面荷载时，如果檩条仅放在屋架上弦节点处，而下弦无吊顶，则屋架的上弦承受压力，下弦承受拉力，斜杆承受压力，竖杆承受拉力；如果檩条放在屋架上弦点和节间处，则上弦不但受压而且受弯，成为压弯构件；当下弦有吊顶时，下弦成为拉弯构件，斜杆及杆件仍然受压和受拉。

上弦承受的压力从脊节点处向端节点处逐渐增大，即靠近脊节点的节间受压力较小，靠近端节点的节间受压力较大。因此，当用原木做上弦时，原木大头应置于端节点处。

（3）木屋架各节点的构造。

木屋架各节点的构造，见表 2-1。

（4）弦杆的接长。

弦杆的木料如不够长，可将其接长，常用的接长方法是用螺栓联结，即在接头处弦杆两侧用硬木夹板（或钢夹板）夹住，穿上螺栓，加垫板，将螺栓拧紧。螺栓的排列可按两纵行齐列或错列布置，见图 2-3。

螺栓的数量及直径要根据接头处弦杆受力大小计算或构造要求而定，其直径应不小于 12mm。对于上弦接头，每侧螺栓至少 2 个，对于下弦接头，每侧螺栓至少 4 只。螺栓排列的最小间距要符合表 2-2 规定的。

表 2-1　　　　　　　　　　　**木屋架各节点构造**

部位	名称	单齿联结		
端节点	简图			
	构造要求	(1)承压面与上弦轴线垂直； (2)上弦轴线通过承压面中心； (3)下弦轴线。方木：通过齿槽下净截面中心；原木：通过下弦截面中心； (4)上、下弦轴线与墙身轴线交汇于一点上； (5)受剪面避开木材髓心		
	名称	双齿联结		
	简图			
	构造要求	(1)承压面与上弦轴线垂直； (2)上弦轴线由两齿中间通过； (3)下弦轴线。方木：通过齿槽下净截面中心；原木：通过下弦截面中心； (4)上、下弦轴线与墙身轴线交汇于一点上； (5)受剪面避开木材髓心； (6)适用于跨度 8~12m		
部位	名称	钢拉杆结合		
脊节点	简图			
	构造要求	(1)三轴线必须交汇于一点； (2)承压面紧密结合； (3)夹板螺栓必须拧紧		

续表

部位	名称	木拉杆结合
脊节点	简图	
	构造要求	(1)上弦轴线与承压面垂直; (2)两边加个字形铁件锚固; (3)一般用于小跨度屋架
部位	名称	钢拉杆结合
下弦中央节点	简图	
	构造要求	(1)五轴线必须交汇于一点; (2)斜杆轴线与斜杆和垫木的结合面垂直; (3)钢拉杆应用两个螺母
	名称	木拉杆结合
	简图	
	构造要求	(1)承压面与斜杆轴线垂直; (2)立木刻入下弦2cm; (3)立木与下弦用U形兜铁加螺栓连接; (4)一般用于小跨度屋架
	名称	单齿联结
	简图	
	构造要求	(1)承压面与斜杆轴线垂直; (2)斜杆轴线通过承压面中心; (3)三轴线交汇于一点

续表

部位	名称	单齿联结
上弦中央节点	简图	（图）
	构造要求	（1）斜杆轴线与节点承压面垂直； （2）斜杆与上弦接触面紧密

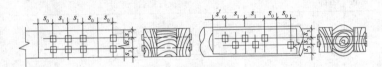

图 2-3　螺栓排列

表 2-2　　　　　　　　　　　螺栓排列的最小间距

构造特点	顺　纹		横　纹	
	端　距	中　距	边　距	中　距
	S_0 和 S_0'	S_1	S_3	S_2
两纵行齐列	7d	7d	3d	3.5d
两纵行错列		10d		2.5d

注：①d—螺栓直径；

②用湿材制作时，顺纹端距 S_0' 应加大 7cm；

③用钢夹板时，钢板上的端距 $S_0'=2d$，边距 $S_3=1.5d$。

　　一般情况下，木夹板的宽度等于弦杆截面的高度（原木弦杆则略小于弦杆直径），厚度为弦杆截面宽度的 1/2，长度依螺栓排列要求而定，但不小于弦杆宽度的 5 倍。钢夹板的厚度不小于 6mm。螺栓垫板为螺栓直径的 3.5 倍，垫板厚度为螺栓直径的 1/4。

弦杆的接头不要布置在临近端节点或脊节点的节间内,可放在其他节间内,并尽量靠近节点处,上弦杆最多只能有一处接头,下弦杆接头最多可有两处。

2. 木屋架放大样的方法

(1)放大样要求。

放大样就是根据设计图纸将屋架的全部详细构造用 1∶1 的比例画出来,以求出各杆件的正确尺寸和形状,保证加工的准确性。

放大样前要先熟悉设计图纸,如屋架的跨度、高度,各弦杆的截面尺寸,节间长度,各节点的构造及齿深等。同时根据屋架的跨度,计算屋架的起拱值。

(2)屋架放大样的方法及步骤。

放大样时,先画出一条水平线,在水平线一端定出端节点中心,从此点开始在水平线上量取屋架跨度的一半,定出一点,通过此点作垂直线,此线即为中竖杆的中线。

在中竖杆中线上,量取屋架下弦起拱高度(起拱高度一般取屋架跨度的1/200)及屋架高度,定出脊点中心。连接脊点中心和端节点中心,即为上弦中线。再从端节点中心开始,在水平线上量取各节点长度,并作相应的垂直线,这些垂直线即为各竖杆的中线。

竖杆中线与上弦中线相交点即为上弦中间节点中心。连接端节点中心和起拱点,即为下弦轴线(用原木时,下弦轴线即为下弦中线;用方木时,下弦轴线是端节点处下弦净截面中线,不是下弦中线)。下弦轴线与各竖杆中线相交点即为下弦中间节点中心。连接对应的上、下弦中间节点中心,即为斜杆中线,见

图 2-4。

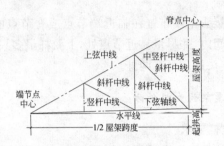

图 2-4　屋架各杆件中线

各杆件的中线和轴线放出后,再根据各杆件的截面高度(或宽度),从中线和轴线向两边画出杆件边线,各线相交处要互相出头一些。对于原木屋架,各杆件直径以小头表示。在画杆件边线时,要考虑其直径的增大,一般每延 1m 直径增大 8～10mm。接着,要逐个画出各节点的详细构造及细部尺寸。

(3)端节点齿连接的放样方法与步骤。

①单齿联结,见图 2-5。画出上、下弦的中线;根据上、下弦的中线,分别画出上弦线 1、线 2 和下弦边线 3、线 4;线 3 与上弦中线交于 b 点;线 2 与线 3 交于 f 点;根据齿深,在下弦上画一条与下弦中线平行的齿深线。齿深线与上弦中线交于 a 点;过 ab 线的中点 c 作上弦中线的垂线。该垂线与线 3 交于 d 点,与齿深线交于 e 点;连接 ef,则 def 所构成的图形即为单齿的位置和形状。

②双齿联结,见图 2-6。按上述方法画出上、下弦中线,上弦边线 1、线 2 和下弦边线 3、线 4;线 3 与线 1 交于 a 点与上弦中线交于 b 点,与线 2 交于 c 点;根据齿深画出第一齿深线、第二齿深线;过 a 点和 b 点作上弦中线的垂直,分别与齿深线交于 d 点和 e 点;连接 db、$3c$,则 $adbec$ 所构成的图形即是双齿的位置

和形状。

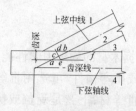

图 2-5 单齿放样

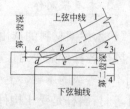

图 2-6 双齿放样

中间各节点的齿联结,可参照上述步骤放样。

各节点详细构造画出后,即把上、下弦接头处的夹板尺寸及螺栓排列位置画出,最后将其他铁件等按实际尺寸和形状画出。

大样画好后,要仔细校核一遍,检查各部分有无差错,如有差错要及时纠正。大样对设计尺寸的允许偏差,见表 2-3。

表 2-3 大样对设计尺寸的允许偏差

屋架跨度 (m)	允许偏差(mm)		
	跨 度	高 度	节点间距
≤15	±5	±2	±2
>15	±7	±3	±2

(4)出样板。

大样经复核无误后,即可出样板,样板必须用木纹平直、不易变形且含水率不超过 18% 的板材制作。先按各杆件的宽度分别将各种板开好,边上刨光,放在大样上,将各杆件的榫、槽、孔等形状和位置画在样板上,然后按形状再锯好和刨光。每一杆件中要配一块样板。全部样板配好后,放在大样上拼起来,检查样板与大样是否相等,样板对大样的允许偏差值不应超过1mm。最后在样板上弹出中心线。样板经检查合格后才准使用,使用过程中要妥善保管,注意防潮、防晒和损坏。

3. 木屋架制作

(1)木屋架材料的选用。

屋架各杆件的受力性质不同,根据木材的物理力学性能,要选用不同等级的木材。上弦是受压或压弯构件,可选用Ⅲ等材或Ⅱ等材;斜杆是受压构件,可选用Ⅲ等材;下弦是受拉或抗弯构件,竖杆是受拉构件,均应选用Ⅰ等材料。

(2)木屋架配料方法。

配料时,要综合考虑木材的质量、长短、阔狭等情况,做到合理安排、避让缺陷。具体要求如下:

①木结构的用料必须符合设计要求的材种和材质标准。

②当上、下弦材料和断面相同时,应当把好的木材用于下弦。

③对下弦木料,应将材质好的一端放在端节点;对上弦木料,应将材质好的一端放在下端。

④对方木上弦将材质好的一面向下;对有微弯的原木上弦,应将弯背向下,用原木做下弦时,应将弯背向上。

⑤上弦和下弦杆件的接头位置应错开,下弦接头最好设在中部。如用原木时,大头应放在端节点一端。

⑥不得将有疵病的木料用于支座端节点的榫结合处。

(3)木屋架的制作。

①所有齿槽都要用细锯锯割,不要用斧砍,用刨或凿进行修整,齿槽结合面必须平整、严密,结合面凹凸倾斜不大于 1mm,弦杆接头处要锯齐锯平。

②钻螺栓孔的钻头要直,其直径应比螺栓直径大 1mm。每钻入 50～60mm 深后需要提起钻头加以清理,眼内不得留有木渣。

③在钻孔时,先将需要结合的杆件按正确位置叠合起来,并加以临时固定,然后用钻一次钻透,以提高结合的紧密性。

④对于拉力螺栓,其螺栓孔的直径可比螺栓直径略大1～3mm,以便于安装。

(4)木屋架的装配。

①在平整的地面上先放好垫木,将下弦在垫木上放稳垫平,然后按照起拱高度将中间垫起,两端固定,再在接头处用夹板和螺栓夹紧。

②下弦拼接好后,即可安装中柱,两边用临时支撑固定,再安装上弦杆。

③最后安装斜腹杆,从屋架中心依次向两端进行,然后将各拉杆穿过弦杆,两头加垫板,拧上螺母。

④如无中柱而是用钢拉杆的,则先安装上弦杆,最后将拉杆逐个装上。

⑤各杆件安装完毕并检查合格后,再拧紧螺母,钉上扒钉等铁件,同时在上弦杆上标出檩条的安放位置,钉上三角木。

⑥在拼装过程中,如有不符合要求的地方,应随时调整或修理。

4. 木屋架安装

(1)木屋架安装工序。

准备工作→放线→加固→起吊→安装→设置支撑→固定。

(2)准备工作。

①墙顶上如果是木垫块,应用焦油沥青涂刷其表面,以做防腐。

②清除保险螺栓上的脏物,检查其位置是否准确,如有弯曲要进行校直。

③将已拼好的屋架进行吊装就位。

（3）放线。

在墙上测出标高，然后找平，并
弹出中心线位置。

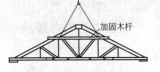

图 2-7　屋架加固起吊

（4）加固。

起吊前必须用木杆将上弦水平
加固，保证其在垂直平面内的刚度，见图 2-7。

（5）起吊。

①吊装用的一切机具、绳、钩必须事先检查后方可使用，起
吊时应由有经验的起重工指挥。

②当屋架吊离地面 300mm 后，应停车进行检查，没有问题
才可继续施工。

③屋架两头绑上回绳，以控制起吊时屋架的晃动。

④起吊到安装位置上方，对准锚固螺栓，将屋架徐徐放下，
使锚固螺栓穿入孔中，屋架放落到垫块上。

（6）安装。

①第一榀屋架吊上后，立即用线锤找中、找直，用水平尺找
平，并用临时拉杆（或支撑）将其固定；认为无误后，在锚固螺栓
上套入垫板及螺母，初步上紧。

②从第二榀起，应在屋架安装的同时，在屋架之间钉上檩
条。两屋架间至少钉三根檩，脊檩一定要钉上。

（7）设置支撑。

为了防止屋架侧倾，保证受压弦杆的侧向稳定，按设计要
求，在屋架之间设置垂直支撑、水平系杆和上弦横向支撑，见
图 2-8。

（8）固定。

屋架安装校正完毕后，应将屋架端头的锚固螺栓的螺母全

部上紧。

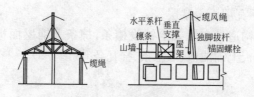

水平系杆　垂直　缆风绳
檩条　支撑　独脚拔杆
山墙　屋　架　锚固螺栓

缆绳

图 2-8　屋架的安装

(9)木屋架安装应注意的质量问题。

运输和吊装时应进行必要的加固,以防止节点错位、损坏或变形。支撑与屋架应用螺栓连接,不得用钉连接或抵承连接,屋架支座应用螺栓锚固,并检查螺栓是否拧紧,确保木屋架安装后形成整体的稳定体系。

屋架与支座接触处设计要求做药物防腐处理,支座边应留出足够的空隙,使得空气流通,避免木材腐朽,以使木结构的使用寿命延长。

(10)应注意的安全事项。

①在坡度大于 25°的屋面上操作,应有防滑梯、护身栏杆等防护措施。

②木屋架应在地面拼装,必须在上面拼装时应连续进行,中断时应设临时支撑。屋架就位后,应及时安装脊檩、拉杆或临时支撑。吊运材料所用索具必须良好,绑扎要牢固。

二、屋面木基层操作

1. 屋面木基层的构造

屋面木基层是指铺设在屋架上面的檩条、椽条、屋面板等,这些构件有的起承重作用,有的起围护及承重作用。屋面木基层的构造要根据其屋面防水材料种类而定。

(1)平瓦屋面木基层。

基本构造是在屋架上铺设檩条,檩条上铺屋面板(或钉椽条),屋面板上铺油毡、顺水条、挂瓦条等(图2-9)。

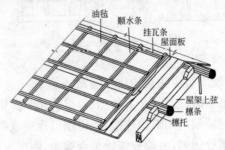

图2-9 平瓦屋面木基层

檩条用原木或方木,其断面尺寸及间距依计算而定,一般常用简支檩条,其长度仅跨过一屋架间距。檩条长度方向应与屋架上弦相垂直,檩条要紧靠檩托。方檩条有斜放和正放两种形式,正放时不用檩托,另用垫块垫平(图2-10)。

图2-10 檩条搁置方式

檩条在桁架上弦的接头,如上弦较宽,可用对头接头[图2-11(a)];如上弦较窄,可用交错搭接[图2-11(b)]或上下斜搭接[图2-11(c)]。

屋面板一般用厚度为15～20mm的松木或杉木板,有密铺

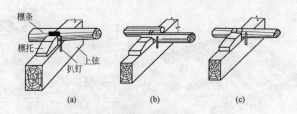

图 2-11　檩条在屋架上弦的接头

(a)檩条对头接头;(b)檩条交错搭接;(c)檩条上下斜搭接

和疏铺两种。密铺屋面板是将各块木板相互排紧,其间不留空隙;疏铺屋面板则各块木板之间留适当空隙。屋面板长度方向应与檩条垂直。屋面板上干铺一层油毡,油毡上铺钉顺水条(又称压毡条),顺水条与屋脊相垂直,其间距约 400~500mm,断面可用(8~10)mm×25mm。在顺水条上铺钉挂瓦条,挂瓦条应与屋脊相平行,间距要依瓦长而定(一般在 280~320mm 之间),断面可用 20mm×25mm。

若屋面木基层不用屋面板,则垂直于檩条设置椽条,常见的以方木居多;如采用原木时,原木的小头应朝向屋脊,顶面略砍削平整。

(2)青瓦屋面木基层。

它的基本构造是在屋架上铺檩条,檩条上铺椽条,椽条上铺苇箔、荆笆或屋面板等,并将调稀的麦草泥铺上屋面,未干时即盖上瓦,靠麦草泥把瓦与屋面木基层连成一体(图 2-12)。南方多见在椽条上直接铺放小青瓦的做法,见图 2-13。

檩条可用原木或方木,一般仅放置在屋架上弦节点上。椽条一般用原木或方木制成,边长或直径为 40~70mm,间距为 150~400mm。椽条应与檩条相垂直。

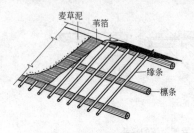

图 2-12　青瓦屋面木基层

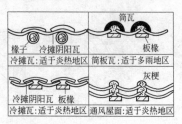

图 2-13　南方常见小青瓦铺法

（3）封檐板与封山板。

在平瓦屋面的檐口部分，往往是将附木挑出，各附木端头之间钉上檐口檩条，在檐口檩条外侧钉通长的封檐板，封檐板可用宽 200～250mm、厚 20mm 的木板制作（图 2-14）。

青瓦屋面的檐口部分，一般是将檩条伸出，在檩条端头处也可钉通长的封檐板。在房屋端部，有些是将檩条端部挑出山墙，为了美观，可在檩条端头外钉通长的封山板，封山板的规格与封檐板相同（图 2-15）。

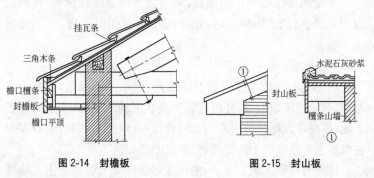

图 2-14　封檐板　　　　　图 2-15　封山板

2. 屋面木基层的装钉

（1）檩条的装钉。

简支檩条一般在上弦搭接，搭接长度应不小于上弦截面宽度。因此,配料时要考虑檩条搭接所需要的长度,即每根檩条配料长度等于屋架间距加一个上弦宽度。

装钉檩条应从檐口处开始,平行地向屋脊进行,各根檩条紧靠檩托,与上弦相交处都要用钉子钉住。檩条如有弯曲应使凸面朝向屋脊(或朝上)。原木檩条应使大小头相搭接。檩条挑出山墙部分应按出檐宽度弹线锯齐。檩条支承在砖墙上时,应在支承位置处放置木垫块或混凝土垫块,木垫块要做防腐处理,檩条搁置在垫块上。檐口檩条留到最后钉,以免钉坡面檩条时运料不便。檐口檩条的接头采用平接,接头一定要在附木上,不能使其挑空。檩条装钉后,要求坡面基本平整,同一行檩条要求通直。

(2)椽条的装钉。

椽条的配料长度至少为檩条间距的 2 倍。装钉前,可做几个尺棍,尺棍的长度为椽条间的净距,这样控制椽条间距比较方便。也可以在檩条上画线,控制椽条间距。

椽条装钉应从房屋一端开始,每根椽条与檩条要保持垂直,与檩条相交处必须用钉子钉住,椽条的接头应在檩条的上口位置,不能将接头悬空。椽条间距应均匀一致。椽条在屋脊处及檐口处应弹线锯齐。

椽条装钉后,要求坡面平整,间距符合要求。

(3)屋面板的铺钉。

屋面板所采用的木板,其宽度不宜大于 150mm,过宽容易使木板发生翘曲。如果是密铺屋面板,则每块木板的边棱要锯齐,开成平缝、高低缝或斜缝;疏铺屋面板,则木板的边棱不必锯齐,留毛边即可。屋面板的铺钉宜从房屋中央开始向两边同时进行,但也可从一端开始铺钉。屋面板要与檩条相互垂直,其接头应在檩条位置,每段接头的延续长度应不大于 1.5m,各段接头应相互错开。屋面板与檩条相交处应用两只钉子钉住。密铺屋面板接缝要排紧;疏铺屋面板的板间空隙不应大于板宽的1/2,也应不大于 75mm。屋面板在屋脊处要弹线锯齐,檐口部分屋面板应沿檐口檩条外侧锯齐。屋面板的铺钉要求板面平整。

(4)顺水条与挂瓦条的铺钉。

屋面板经清扫后,干铺油毡一层,油毡应自下而上平行于屋脊铺设,上、下、左、右搭接至少 70mm 油毡。铺一段后,随即钉顺水条,顺水条要与屋脊相垂直,端头处必须着钉,中间约隔400～500mm 着钉一只。顺水条钉好后,按照瓦的长度决定挂瓦条的间距。钉挂瓦条时,先在檐口外缘钉一行三角木条(用40mm×60mm 方木斜对开),或钉一行双层挂瓦条,这样可使第一行瓦的瓦头不致下垂,保持与其他瓦的倾角一致。然后,用一尺棍比量间距,或在顺水条上弹线标记,自下而上逐行铺钉,挂瓦条与顺水条相交处必须着钉一只,挂瓦条的接头应在顺水条上,不能挑空或压下钉在屋面板上。挂瓦条要求钉得整齐,间距符合要求,同一行挂瓦条的上口要成直线。

(5)封檐板与封山板的装钉。

封檐板与封山板要求选择平直的木板,为了防止其翘曲变形,可在背面铲两道凹槽,凹槽宽约 8～10mm,深约 1/3 板厚,槽距约 100mm,也可在其背面每隔 1m 左右钉上拼条。封檐板与封山板的接头处应预先开成企口缝或燕尾缝。封檐板用明钉钉于檐口檩条外侧,板的上边与三角木条顶面相平,钉帽砸扁冲入板内。封山板钉于檩条端头,板的上边与挂瓦条顶面相平。如果檐口处有吊顶,应使封檐板或封山板的下边低于檐口吊顶25mm,以防雨水浸湿吊顶。封山板接头应在檩条端头中央。

封檐板要求钉得平整,板面通直。封山板的斜度要与屋面坡度相一致，板面通直。

三、木门窗的制作与安装

1. 木门分类及构造

（1）分类。

木门分为镶板门、拼板门、玻璃门、夹板门等多种类型。

①镶板门。镶板门一般用
作民用建筑的内外门、办公室门
等，由门框与门扇两部分组成。
当门高超过 2.4m，在门上部一
般均设有亮子（腰窗）可供采光，
见图2-16。镶板门宽度在 1m 以
内的为单扇门，宽度在 1.2～
2.1m时为双扇。

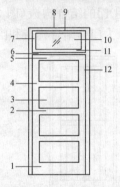

②拼板门。拼板门的门框
与镶板门相同，门扇则由 10～
15cm 宽的木板拼合而成，形式
有单扇和双扇两种。拼板门
见图 2-17。

图 2-16　镶板

1—下冒头；2—中冒头；3—门芯板；

4—门梃；5—上冒头；6—中贯档；

7—窗梃；8—樘子冒头；9—上冒头；

10—玻璃；11—下冒头；12—樘子梃

③玻璃门。玻璃门与镶板
门的不同之处是将门扇中木制门芯板大部或全部改装成为玻
璃，其形式有单扇、双扇、四扇等。分外开或内开，也有装弹簧合
页（铰链）的对称弹簧门（自由门）。玻璃门见图 2-18。

④夹板门。夹板门的门扇由小木料构成骨架，在骨架两面
粘贴胶合板或纤维板，门扇上部设置固定或中悬的玻璃小窗，因
胶合板受潮易翘曲变形，故不能作外门或环境湿度较大的内门，

如厕所、厨房、淋浴室等处。夹板门见图 2-19。

　　⑤百叶门。百叶门结构与夹板门和镶板门相似。只是在下部有间隔斜镶的小板条(百叶板)。百叶板的特点是遮光通风,多用于厕所、淋浴室门。双开门可用于变电所(百叶设于门的下部主要是供散热)。百叶窗后部要设钢丝网,以防鼠虫的侵入和满足防火要求,图 2-20 为单开百口门。

　　(2)木门的构造。

　　①门的结合构造(图 2-16)。门的结合构造即门的拼接方法,分为门框结合构造和门扇结合构造。

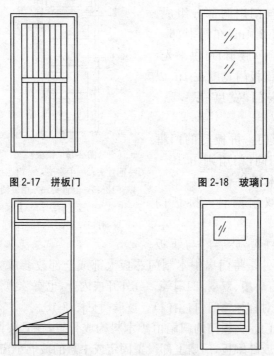

图 2-17　拼板门　　　　　　　图 2-18　玻璃门

图 2-19　夹板门　　　　　　　图 2-20　百叶门

②门框的构造。门框上冒头与门框边梃结合时,在上冒头上做眼,在边梃上做榫,或做成插榫,如先立框后砌墙,则要在门框上冒头的两端各留出 120mm 的走头,见图 2-21。

中贯档与槟子梃结合时,在梃上打眼,在中贯档的两头做榫,见图 2-22。

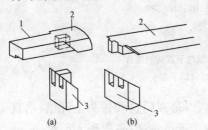

图 2-21　槟子梃与槟子冒头的结合
(a)有走头;(b)无走头
1—走头;2—槟子冒头;3—槟子梃

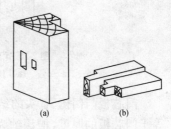

图 2-22　槟子梃与中贯档的结合
(a)边梃;(b)中贯档

③门扇的构造。门扇梃与门窗上冒头结合时,同样在梃上打眼,在上冒头的两头做榫,榫应在上冒头的下半部,见图 2-23。

门扇梃与中冒头和下冒头结合时,均在门扇梃上打眼,在中冒头和下冒头的两头做榫,见图 2-24、图 2-25。但由于下冒头一般较宽,故常做成双榫,榫靠下冒头的下部。

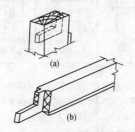

图 2-23　门梃与上冒头的结合
(a)门梃;(b)上冒头

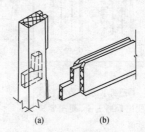

图 2-24　门梃与中冒头的结合
(a)门梃;(b)中冒头

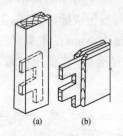

(a)　　　　(b)

图 2-25　门梃与下冒头的结合

(a)门梃;(b)下冒头

　　门芯板与门梃、冒头的结合,是在门梃和冒头上开槽,槽宽等于门芯板的厚度,槽深约为 15mm,将门芯板嵌入凹槽中,并使门芯板与槽底留 2~3mm 空隙,作门芯板的膨胀余地。

2. 木窗分类及构造

　　木窗的构造见图 2-26。木窗按使用要求可分为玻璃窗、百叶窗、纱窗等几种类型,按开关方式可分为固定窗、平开窗、悬窗、旋窗和推拉窗等,不同窗类型及特点见表 2-4。

表 2-4　　　　　　　　　　　　不同窗类型及特点

窗型					
(a)外平开	(b)内平开	(c)上悬	(d)下悬	(e)垂直推拉	(f)水平推拉
特点					
构造简单,应用最为普遍,使用普通五金,便于安装纱窗		外开防雨好,受开启角度限制,通风效果较差	占室内空间,多用于特殊要求房间或室内高窗	不占室内空间,窗扇受力状态好,适宜安装较大玻璃,通风面积受限制,五金及安装较复杂	

续表

窗型	(g) 中悬	(h) 立转	(i) 固定	(j) 百页	(k) 滑轴	(l) 折叠
特点	构造简单，通风效果好，多用于高侧窗	通风效果好，防雨及密闭性差，多用于低侧窗	构造简单，只起采光作用，密闭性好	通风效果好，用于需要通风或遮阳地区	安装磨砂玻璃可起遮阳作用，加工较复杂	全开启时通风效果好，视野开阔，需要特殊五金

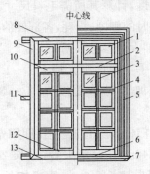

图 2-26　木窗各部分名称

1—亮子；2—中贯档；3—玻璃；4—窗梃；5—贴脸板；6—窗台板；7—窗盘线；
8—窗樘上冒头；9—窗樘边梃；10—上冒头；11—木砖；12—下冒头；13—窗樘下冒头

3. 木门窗的制作

(1)木门窗的制作工艺程序。

施工工艺：放样→配料、截料→刨料→画线→打眼→开榫、拉肩→裁口、起线→拼装→编号→堆放。

(2)放样。

放样就是按照图样将门窗各部件的详细尺寸足尺画在样棒

上。样棒采用经过干燥的松木制作,双面刨光,厚度约 25mm,宽度等于门窗框子梃的断面宽度,长度比门窗高度长 200mm 左右。

放样时,先画出门窗的总高及总宽,再定出中贯档到门窗顶的距离,然后根据各剖面详图依次画各部件的断面形状及相互关系。样棒放好后,要经过仔细校核才能使用。

(3)配料与截料。

配料是根据样棒上(或从计算得到)所示门窗各部件的断面(厚度×高度)和长度,计算其所需毛料尺寸,提出配料加工单。考虑到制作门窗料时的刨削、损耗,各部件的毛料尺寸要比净料尺寸加大些,具体加大量参考数据如下:

①断面尺寸。手工单面刨光加大 1~1.5mm,双面刨光加大 2~3mm,机械加工时单面刨光加大 3mm,双面刨光加大 5mm。

②长度尺寸。门框冒头有走头者(即用先立方法,门窗上冒头需加长),加长 240mm;无走头者,加长 20mm,窗框梃加长 10mm,窗冒头及窗根加长 10mm,窗梃加长 30~50mm。配料时,应注意木料的缺陷,不要把节子留在开榫、打眼及起线的部位;木材小钝棱的边可作为截口边;不应采用腐朽、斜裂的木料。

(4)刨料。

刨料时宜将纹理清晰的材面作为正面。刨完后,应将同类型、同规格的框扇堆放在一起,上下对齐,每两个正面相合,框垛下面平整垫实。

(5)画线。

根据门窗的构造要求,在每根刨好的木料上画出榫头线、榫眼线等。

①榫眼。应注意榫眼与榫头大小配合问题。

②画线操作宜在画线架上进行。所有榫眼都要注明是全榫还是半榫,是全眼还是半眼。

(6)打眼。

为使榫眼结合紧密,打眼工序一定要与榫头相配合。先打全眼后打半眼,全眼要先打背面,凿到一半时翻转过来再打正面,直到凿透。眼的正面要留半条墨线,反面不留线,但比正面略宽。

打成的眼要方正,眼内要干净,眼的两端面中部略微隆起,这样榫头装进去就比较紧密。

(7)开榫与拉肩。

开榫又称倒卯,就是按榫头纵向锯开。拉肩是锯掉榫头两边的肩头(横向),通过开榫和拉肩操作就制成了榫头。锯成的榫头要方正、平直,榫眼应完整无损,不准有因拉肩而锯伤的榫头。榫头线要留半线,以备检查。半榫的长度应比半眼的深度少 2~3mm。

(8)裁口与起线。

裁口又称铲口、铲坞,即在木料棱角刨出边槽,供装玻璃用。裁口要刨得平直、深浅宽窄一致。

(9)拼装。

一般是先里后外。所有榫头应待整个门窗拼装好并归方后再敲实。

①拼装门窗框时,应先将中贯档与框子梃拼好,再装框子冒头,拼装门扇时,应将一根门梃放平,把冒头逐个插上去,再将门芯板嵌装于冒头及门梃之间的凹槽内,但应注意使门芯板在冒头及门梃之间的凹槽底留出 1.5~2mm 的间隙,最后将另一根门梃对眼装上去。

②门窗拼装完毕后,最后用木楔(或竹楔)将榫头在榫眼中

挤紧。加木楔时,应先用凿子在榫头上凿出一条缝槽,然后将木(竹)楔沾上胶敲入缝槽中。如在加楔时发现门窗不方正,应在敲楔时加以纠正。

(10)编号与堆放。

制作和经修整完毕的门窗框、扇要按不同型号写明编号,分别堆放,以便识别。需整齐叠放,堆垛下面要用垫木垫平实,应在室内堆放,防止受潮,需离地 30cm。

4. 夹板门制作

夹板门的门框与普通木门框完全相同,只是门扇与普通木门扇不同。夹板门的里面是一个骨架,常见的骨架形式见图 2-27。

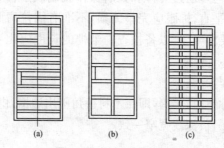

图 2-27　夹板门的骨架形式

(a)日字框架;(b)田字框架;(c)井字框架

(1)制作骨架。

保证骨架坚固、方正、平整,纵横肋条相交处,也要尽量平整,平整度不宜超过 0.3mm。

(2)镶边整修。

将门窗四边刨平,再把木条涂胶钉牢,胶干后用手工将胶合板净刨一次,或在磨光机上磨光。没条件时也可用砂纸手工磨光。

5. 硬百叶门窗制作

硬百叶就是固定百叶,用硬百叶代替芯板或窗上的玻璃就成了硬百叶门窗。硬百叶门窗的框子与普通门窗框完全相同,百叶板可以用木料或玻璃(夹丝玻璃)做成,百叶板的断面为(10~15)mm×(50~70)mm,倾斜度为30°~50°,间距约30mm。百叶板的两端开榫嵌入边梃。在某种情况下(如山墙尖上通风百叶窗)也可将百叶板直接嵌入窗的边框。有的百叶窗内侧加一层铁窗纱或钢丝网,目的是防止虫、蚊、鸟、鼠进入门窗内。硬百叶窗的构造见图2-28。

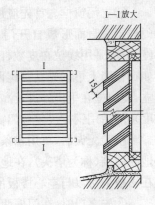

I—I放大

图2-28 硬百叶窗的构造

制作硬百叶门窗方法与制造普通木门、木窗方法基本相同,比较特殊之处是百叶板与边梃的连接。百叶板榫头的断面以及边梃上的榫眼可以是长方形的,也可以是平行四边形的,还可以在边梃上开槽,把百叶板直接插至槽口里。

6. 门窗框的安装

门窗框的安装有先立口和后立口两种方法。先立口是在砌墙前先把门窗框立好,后立口是在砌墙时留出洞口,以后把门窗框装进去。

(1)先立口。

①当墙砌到地坪下,一般在一0.06m处,为防潮层面,即在防潮层上开始立门框。当墙砌到窗台时,开始立窗框。在立框

前首先要检查门窗型号、门窗的开启方向,窗框还有立中、立内平、立外平,还应验收门窗框的质量,如有变形、裂纹、节疤、腐朽应剔除。

②立门窗框。首先应用准备好的托线板检查垂直度,防止门框不垂直而形成自开门、自关门;其次要检查立门窗框的高度,方法是用线拉在皮数杆上,应使门框上的锯口线水平一致;如在长墙上可以先立首尾两个门框,中间门框可以按拉线逐个立,使门框在里出外进及高度上均一致(过长的墙要注意线的挠度),然后用钢皮尺复核门窗位置是否与图相符。

检验无误后,可用木条子钉在门或窗的两个边框上,一边与地面固结(称为塔头),在地面用木桩打入土内然后与木桩钉牢。在楼板上可以与空心楼板吊钩处固结。

③先立口时,在门框两个边梃外侧应有燕尾榫,以便与带有燕尾的经防腐处理的木砖固定,一边不少于两个,较高的门(如2400mm)应有三个木砖,窗一般是一边两个。

④立门窗框前,应在门窗框与砖、混凝土的接触面涂刷沥青或煤焦油进行防腐处理,在成批生产的细木车间应在运往工地前做好防腐处理。

⑤为防止先立门窗框在施工时被碰坏,可在门梃两边三个面钉灰板条以作保护。

(2)后立口。

采用后立口,在瓦工砌门窗洞时,将经防腐处理的木砖(木砖相当于半块砖120mm×120mm×60mm)砌入墙内,位置与先立口放木砖处相同。

①后立口时,要按建筑平面图、立面图上的位置留出门窗洞口,清水墙每边比门窗框加宽10mm。混水墙比门窗框各边加宽15mm。

②后立口时,一般均在结构完成后再安装窗框。同时要检查开启方向、里出外进、高低及门窗框的垂直、水平等。

③门窗框立放正直后,将钉子钉帽砸扁,从两边门窗框内侧向木砖方向钉入固定。

7. 木门窗扇的安装

(1)安装木门窗扇时,要检查框扇的质量及尺寸,如发现框子偏歪或扇扭翘,应及时修正。

(2)安装时,要量好框口净尺寸,考虑风缝的大小,再在扇上确定所需高度和宽度,然后进行修刨。修刨时,先将门窗扇梃的余头锯掉。对扇的下冒头边略微修刨。再修刨上冒头。门窗扇梃两边要同时修刨,不要只刨一边的梃,双扇门窗要对口后,再决定修刨两边的边梃。

(3)如发现门窗扇高度上的短缺时,应将上冒头修刨后测量出补钉板条的厚度。把板条按需刨光,钉于框的下冒头下面,这时门窗扇梃下端余头要留下,与板条面一起修刨平齐。不要先锯余头,再补钉板条。

(4)如发现门窗扇宽度短缺时,则应将门窗框扇修刨后,在装铰链一边的梃上钉木条。

(5)为了开关方便,平开窗下冒头底边可刨成斜面,倾角约3°～5°,如为中悬窗扇,则上下冒头与框接触处均应刨成斜面,倾角以开启时能保持一定的风缝为准。

(6)为了使三扇窗的中间固定扇与两旁活动扇统一整齐,宜在其上下留头边棱处刨个凹槽,凹槽宽度与风缝宽度相等。

(7)门窗风缝的留设。考虑到门扇使用日久会有下垂现象,初装时应使风缝宽窄不一致。对于扇的上冒头与框之间的风缝,从装铰链的一边向摇开边逐渐收小,对门窗梃与框之间的风缝则应从上向下逐渐放大。使用日久,风缝则可形成一致。

(8)风缝的留设,主要是为了使门窗扇开关方便。防止油漆涂料被磨掉;另外,也为外开门窗扇受淋潮湿后所产生的小量膨胀留有余量。

(9)风缝大小一般为:门窗的对口处及扇与框之间应留 1.5～2.5mm;但工业厂房双扇大门扇的对口处,应留 25mm。门扇与地面之间应留空隙为:外门4～5mm,内门 6～8mm。卫生间的门 10～12mm,工业用房大门10～20mm。

(10)安装门窗时,应先将窗扇试装于框口中,用木楔垫在下冒头下面的缝并楔紧,看看四周风缝大小是否合适,双扇门窗还要看看两扇的冒头或窗棂是否对齐和呈水平状态,认为合适后在门窗及框上画出铰链位置线,取下门窗扇,装钉五金,进行安装。

8. 木门窗五金安装

普通木门窗所用五金种类很多,常用的有普通铰链、单面和双面弹簧铰链、风钩插销、弓形拉手、门锁等。

(1)装铰链。

①一般木门窗铰链的位置距扇上下边的距离约为 1/10,但应错开上下冒头。

②安装铰链时,在门扇梃上凿凹槽,其深度应略比合页板厚度大一点,使合页板装入后不致突出,根据风缝大小,凹槽深度应有所不同,如果风缝较小,则凹槽深度应偏大;如果风缝较大则凹槽深度应偏小。凹槽凿好后,将铰链页板装入,并使转轴紧靠扇边棱,用木螺钉上紧。在上木螺钉时,不得用锤子依次打入,应先打入 1/3 再拧入。然后将门扇试装入框口内,上下铰链处先各拧入一只木螺钉后。检查门扇的四周风缝的大小,如果不合适,要退出木螺钉修凿凹槽。经检查无误后再将其余木螺

钉逐个拧入上紧。

③门窗扇安装妥后,要试开。不能产生自开或自关现象,应以开到哪里就停到哪里为佳。

(2)装拉手。

①门窗拉手应在上框之前装设。拉手的位置应在门窗扇中线以下。门拉手一般距地面 0.8～1.2m。窗拉手一般距地面1.5～1.6m。拉手距扇边应不少于 40mm。当门上有弹簧锁时,拉手宜在锁位之上。

②同规格门窗上的拉手应装得位置一致,高低一样。如果门窗扇内外两面都有拉手,则应使内外拉手错开,以免两面木螺钉相碰。

③装拉手时,应先在扇上画出拉手位置线。将拉手平放于扇上。然后上对角线的两只木螺钉。再逐个拧入其他木螺钉。

(3)装插销。

插销有竖装和横装两种。

竖装时,先将插销底板靠近门窗梃的顶或底,用木螺钉固定。使插棍未伸出时不冒出来。然后关上门窗扇。将插销鼻放入插棍伸出的位置上,位置对好后,随即凿出孔槽。放入插销鼻,并用木螺钉固定。

横装插销装法与上述方法相同。只是先把插棍伸出,将插销鼻扣住插棍后,再用木螺钉固定。

(4)装门锁。

门锁种类非常繁杂,以内开门装弹子锁为例。

①门锁都有安装图,装锁前应看好说明,将包装内的图折线对准门扇的阳角安锁的位置贴好,先在门扇安装锁的部位用钻头钻孔(锁身、锁舌孔)。

②安装时,应先装锁身。把锁头套上锁圈穿入孔洞内,将三眼板套入锁芯。端正锁位(把商标摆正),用长脚螺钉将三眼板

（即锁身）和锁头互相拴紧定位。再将锁身紧贴于门梃上。与锁芯插入锁身的孔眼中。用钥匙试开，看其锁舌伸出或缩进是否灵活，然后用木螺钉将锁身固定在门上。

③按锁舌伸出位置在框上画出舌壳位置线。依线凿出凹槽，用木螺钉把锁舌壳固定在框上。锁壳安装时应比锁身稍低些，以锁舌能自由伸入或退出即可。这样，门扇日久下垂后，锁身与锁壳就能平齐。

④安装时，锁身和锁壳应缩进门 0.5～1mm。这样可使门开关灵活。而且一旦门关不上时，也可刨削门扇边梃。

⑤外开门装弹子锁时，应先将锁身拆开，把锁舌翻身，重新装好，按内开门装锁方法进行安装。安外开门锁时，原有舌壳不能用，应另配一个锁舌折角，把折角往门框上安装时，折角表面应与门框面齐平或略微凹进一点。

四、木工细部工程

1. 护墙板制作安装

（1）制作安装操作工艺。

按图弹出标高水平线和纵横分档线→按分档线打眼，下木楔→墙面做防潮层，并钉护墙筋→选择面料，并锯割成型→钉护墙板面层→钉压条。

（2）弹标高水平线和纵横分档线。按图定出护墙板的顶面、底面标高位置，并弹出水平墨线作为施工控制线。定护墙板顶面标高位置时，不得从地坪面向上直接量取，而应从结构施工时所弹的标高抄平线或其他高程控制点引出。纵横分档线的间距，应根据面层材料的规格、厚薄而定，一般为 400～600mm。

（3）按分档线打眼，下木楔。木楔入墙深度不宜小于40mm，楔眼深度应稍大于木楔入墙深度，楔眼四壁应保持基本平直。下木楔前,应用托线板校核墙面垂直度,拉麻线校核墙面平整度,钉护墙筋时,在墙的两边各拉一道垂直线(或先定两边的两条墙筋,用托线板吊垂直作为标志筋),再以两边的垂直线(或标志筋)为据,拉横向线校核墙筋的垂直度和平整度。钉筋时采用背向木楔找平,加楔部位的楔子一定着钉钉牢。

(4)墙面做防潮层,并钉护墙筋。防潮层材料,常用的有油毡、油纸及冷热沥青。油毡、油纸应完整无缺。随铺防潮层随钉。沥青可在护墙筋前涂刷亦可后刷。护墙筋,将油毡或油纸压牢并校正护墙筋的垂直度和水平度。护墙板表面可采用拼缝式或离缝式。若采取离缝形式钉护墙筋时,钉子不得钉在离缝的距离内,应钉在面层能遮盖的部位。

(5)选择面板材料,并锯割成型。选择面板材料时,应将树种、颜色、花纹一致的材料用于一个房间内,要尽量将花纹木心对上。一般花纹大的在下,花纹小的朝上;颜色、花纹好的安排在迎面,颜色、花纹稍差的安排在较背的部位。若一个房间内的面层板颜色深浅不一致时,应逐渐由浅变深,不要突变。面层板应按设计要求锯割成型,四边平直兜方。

(6)钉护墙板面层。钉面层前,应先排块定位,认清胶合板正反面,切忌装反。钉帽应砸扁,顺纹冲入板内 $1\sim 2$mm,离缝间距,应上下一致,左右相等(三合板等薄板面层可采用射钉)。

(7)钉压条。压条应平直、厚薄一致,线条清晰。压条接头应采取暗榫或 45°斜搭接,阴、阳角接头应采取割角结合。

2. 门窗贴脸板、筒子板制作安装

(1)操作工艺顺序。

制作贴脸板、筒子板→铺设防潮层→装钉筒子板→装钉贴脸板。

(2)制作贴脸板、筒子板。用于门窗贴脸板、筒子板的材料，应木纹平直、无死节，且含水率不大于 12%。贴脸板、筒子板表面应平整光洁，厚薄一致，背面开卸力槽，防止翘曲变形，见图 2-29。筒子板上、下端部，均各做一组通风孔，每组三个孔，孔径 10mm，孔距 40～50mm。

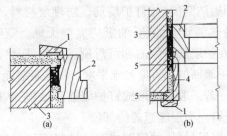

图 2-29　贴脸板、筒子板的装钉

(a)贴脸板的装钉；(b)筒子板的装钉

1—贴脸板；2—门窗框；3—墙体；4—筒子板；5—预埋防腐木砖

(3)铺设防潮层。装钉筒子板的墙面，应干铺一层油毡做防潮处理。压油毡的木条，应刷氟化钠或焦油沥青做防腐处理。木条应钉在墙内预埋防腐木砖上。木条两面应刨光，厚度要满足筒子板尺寸的要求，装钉后的木条整体表面，要求平整、垂直。

(4)装钉筒子板。首先应检查门窗洞的阴角是否兜方。若有偏差，在装钉筒子板时要作相应调整。装钉筒子板时，先装横向筒子板，后钉竖向筒子板。筒子板阴角应做 45°割角，筒子板与墙内预埋木砖要填平实。先进行试钉（钉子不要钉死），经检查，待筒子板表面平整，侧面与墙面平齐，大面与墙面兜方，割角严密后，再将钉子钉死并冲入筒子板内。锯割割角应用割角箱，以保证割角准确。

(5)装钉贴脸板。门窗贴脸板由横向贴脸板和竖向贴脸板组成。横向贴脸板和竖向贴脸板均应遮盖墙面不小于 10mm。

　　贴脸板装钉顺序是先横向后竖向。装钉横向贴脸板时，先要量出横向贴脸板的长度，其长度要同时保证横向、竖向贴脸板搭盖墙面的尺寸不小于 10mm。横向贴脸板和竖向贴脸板的割角线，应与门窗框的割角线重合，然后将横向贴脸板两端头锯成 45°斜角。安装横向贴脸板时，其两端头离门窗框桄的距离要一致，用钉帽砸扁的钉子将其钉牢。

　　竖向贴脸板的长度根据横向贴脸板的位置决定。窗的竖向贴脸板长度，按上、下横向贴脸板之间的尺寸，进行画线、锯割。门的竖向贴脸板长度，由横向贴脸板向下量至踢脚板上方 10mm 处。其上端头与横向贴脸板做 45°割角，下端头与门墩子板平头相接。竖向贴脸板之间的接头应采取 45°斜搭接，接头要顺直。竖向贴脸板装钉好后，再装钉门墩子板。如设计无墩子板时，一般贴脸的厚度应大于踢脚板，且使贴脸落于地面。门墩子板断面略大于门贴脸板，门墩子板断料长度要准确，以保证两端头接缝严密。门墩子板固定不要少于两只钉子。装钉贴脸板，筒子板的钉子，其长度为板厚的 2 倍，钉帽砸扁顺纹冲入板内 1～3mm。贴脸板固定后，应用细刨将接头刨削平整、光洁。

3. 木扶手制作安装

　　(1)施工工序。

　　直扶手制作→弯头制作→钻孔凿眼→安装→修整。

　　(2)直扶手制作。按设计要求画出扶手横断面样板，先将扶手底面刨直、刨平，然后画出中线，在两端对好样板画出断面，刨出底部凹槽，再用线脚刨沿端头的断面线刨削成型，刨时须留半线。

　　(3)弯头制作。木扶手弯头按其所处位置不同，有拐弯、平盘和尾弯等。木扶手弯头一般使用樟木，当楼梯栏板之间的距离在 200mm 以内时，弯头可以整只做；当大于 200mm 时，可以断开做。

一般弯头伸出的长度不小于踏步宽度的1/2,见图2-30。

①斜纹出方:先将做弯头的整料从斜纹出方,见图2-31。

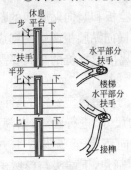

图 2-30　扶手接头图

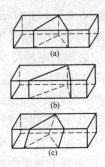

图 2-31　弯头料斜纹出方

(a)45°斜纹出方;(b)30°斜纹出方;(c)双斜纹出方

②画底面线:根据楼梯三角样板和弯头的尺寸,在弯头料的两个直角上画出弯头的底面线。

③做准底面:按线锯割、刨平底面,并在底面上开好安装扶手铁板的凹槽,要求槽底平整,槽深与推板厚度一致。

④画侧面线、断面线和加工成型:锯割、刨削弯头时应留半线,内侧面要锯得平直。

(4)钻孔凿眼。弯头成型后,在弯头断面安装双头螺栓处垂直钻孔,孔深比双头螺栓长度的一半稍深些,钻头直径比螺栓直径大 0.5~1mm。同时在弯头底面离端面 50mm 以外凿眼或打眼。然后,再放在铁板上做整体连接。

(5)安装。扶手安装,一般由下向上进行,先将每段直扶手与相邻的弯头连接好,见图2-32。

(6)修整。弯头和扶手安装好

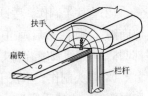

图 2-32　木扶手的固定

后,要将接头之间修理平整,使之外观平直、和顺、光滑。

4. 隔墙制作安装

隔墙又名隔断,仅起分隔房间和装饰作用,不承重。隔墙按材料不同可分为板材隔墙、骨架隔墙、活动隔墙和玻璃隔墙等。骨架隔墙又分为木骨架隔墙、轻钢龙骨隔墙和铝合金隔墙。

(1)木龙骨轻质罩面板隔墙骨架。

其骨架由上槛(沿顶龙骨)、下槛(沿地龙骨)、立筋(沿墙、柱龙骨和竖直龙骨)及横撑组成,其断面尺寸一般为:50mm×70mm或50mm×100mm。见图2-33。

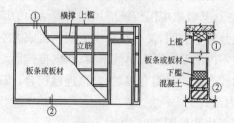

图 2-33　板条或板材隔断

室内木质隔断墙的罩面板较多采用胶合板和木纤维板。其可直接经油漆涂饰后作隔墙饰面,也可用作其他饰面材料的衬板或木基层面板。

①制作木隔断的木料,应采用红松或杉木,含水量不得超过规定的允许值。

②必须按设计图纸规定的木隔断位置进行施工,预埋件的形状、位置、数量必须符合图纸要求,尺寸必须准确。

③木隔断应与墙体、地面或顶棚锚固,固定方法可以预埋木砖用圆钉固定;也可预埋铁件焊接固定;也可用水泥钉直接钉入砖砌体固定;还可用射钉枪射钉入混凝土中固定。

④木隔断安装完后,应保持板面平直、稳定,连接完整、牢固。

⑤所有露明木材,均需刷底油一道,罩面漆两道。所有金属材料均需刷防锈漆两道,油漆两道。

⑥胶合板装钉时,钉帽必须砸扁钉入板内。胶合板与木骨架接触面应涂刷胶粘剂。

⑦木隔断门用的小五金,必须按图装配齐全,门锁及拉手式样要符合设计规定。

(2)活动木隔断。

室内活动隔断利用了隔断的半封半闭,留有余地的分隔室内空间的优点,又吸取中国传统屏风的具有活动的墙的特点,便于将大空间分成小空间,又可以将小空间恢复成大空间。

常用的室内活动隔断有单侧推拉、双向推拉活动隔断;按活动隔断扇的铰合方式分类有单对铰合、连续铰合;按存放方式分有明露式、内藏式。

活动隔断构造见图 2-34。

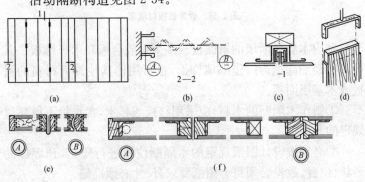

图 2-34 活动隔断构造示意

(a)立面图;(b)剖面图;(c)轨道嵌入天棚做法示意;

(d)吊隔扇示意;(e)木质隔扇结点;(f)钢木隔扇结点

5. 木质吊顶工程制作安装

吊顶可以改善室内的美观、保暖、吸声、光线效果；也可以将不便于外露及有碍观瞻的排水管道、照明、空调的设备进行隐蔽等。就吊顶的覆面材料，分为木板条抹灰、木条、纸面石膏板、水泥石棉板、钙塑板、矿棉吸声板、石膏多孔板、木丝板、纤维板、胶合板、塑料、玻璃吊顶等多种；板的形式有压花、藻井、内圆、中突、中凹等多种；骨架有木龙骨、轻钢龙骨和铝合金龙骨等。

依龙骨的形式分为明龙骨吊顶和暗龙骨吊顶；依功能可分为上人龙骨和不上人龙骨。吊顶的种类虽然较多，但工艺大致均为以吊杆（挂件）连接主龙骨与结构层；主龙骨与次龙骨连接；次龙骨与板面结合几道工序。这里只介绍木龙骨石膏板吊顶的工艺操作要点。

（1）工艺流程。

下吊杆→弹控制线→镶边龙骨→安装主龙骨→安装次龙骨→安装横撑龙骨（设计主、次龙骨为上下结构时）→安装板面→钉盖缝条。

（2）木龙骨石膏板吊顶的吊杆如果是在钢筋混凝土槽形板或钢筋混凝土空心板等基层，尚可在板缝中下"T"形铁件，铁件的竖直部分可以是螺杆或铅丝；如果基层为现浇钢筋混凝土板，可在浇制混凝土时下好吊杆或铅丝。

（3）在吊顶四周墙面上以设计标高为据，弹一圈封闭的水平控制线。

（4）以水平控制线为据，在线上按一定距离在墙上打眼，下好木楔，将边龙骨就位，用大钉子把龙骨和木楔钉牢。

（5）将主龙骨逐根就位，用吊杆（挂件）初步连接，然后以两边边龙骨为准，拉线调直、调平主龙骨，并依规范要求起拱，然后紧固。

（6）如果设计次龙骨的底面与主龙骨地面水平时，主、次龙骨的连接可采用在主、次龙骨的交角处用钉子斜向钉入，或在主、次龙骨的交角处加木方并两个方向加钉的方法固定，亦可在主、次龙骨上分别做十字半刻榫（主龙骨上做等口，此龙骨做盖口）卡腰结合；若设计为次龙骨安装在主龙骨下边时（此时应加横撑龙骨），可将次龙骨用钉子直接钉在主龙骨上，亦可在主、次龙骨交角处设置短吊筋，分别钉在主次龙骨上。钉装次龙骨时要拉线找直。

（7）如果需要做横撑龙骨，应依据墙边分好的横撑龙骨位置拉线，按实际尺寸截割木方，依拉线就位，并在次龙骨与横撑龙骨交角处加木方，两个方向分别钉入次龙骨和横撑龙骨。

（8）钉装面层石膏板应采用螺钉，并且钉面要卧入板面 2～3mm，待涂饰面层时用石膏腻子补平。

（9）如果设计有盖缝条，应用圆头螺钉把盖缝条固定。

6.木地板铺装

木地板分空铺式木地板和实铺式木地板，空铺式木地板铺装主要应用于面层距基底距离较大时，需用砖墙和砖墩支撑，才能达到设计标高的木地面，如首层木地面等（图 2-35）。实铺式木地板主要是指地板的面层与基层之间没有虚空间的铺设方式。

（1）空铺式木地板。

①工艺流程。砌筑地垄墙→铺设防水层→放置垫块→钉制木搁栅→加强剪刀撑→铺设毛地板→加铺防潮消声层→镶铺面层地板→打磨、油漆、上蜡。

②地垄墙砌筑。地垄墙坐落在坚硬的基底上。地垄墙一般

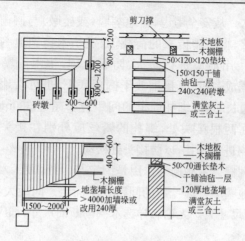

图 2-35　空铺式木地板构造(mm)

采用红砖、水泥砂浆砌筑。

　　地垄墙的厚度和砌筑高度应符合设计要求；垄墙与墙之间的距离一般不宜大于 2m。砖墩布置要同木搁栅的布置一致，如木搁栅一般间距为 500mm，则砖墩间地应为 500mm。若砖墩尺寸偏大，墩与墩之间距离较小，密时可将其连在一起变成垄墙。

　　地垄墙(或砖墩)标高应符合设计标高，必要时可于顶面抹水泥砂浆或豆石混凝土找平。

　　③空铺式架空层同外部及每道架空层间的隔墙、地垄墙、暖气沟墙，均要设通风孔洞。在砌筑时将通风孔留出。尺寸一般为 120mm×120mm。外墙每隔3～5m预留不小于 180mm×180mm的通风孔洞，外面安箅子，下匹标高距室外地墙不小于 200mm。

　　如果空间较大，要在地垄墙内穿插通行，要在地垄设750mm×750mm 的过人孔洞。

④垫木。从安全考虑,在地垄墙(或砖墩)与搁栅之间一般用垫木连接,将搁栅传来的荷载,通过垫木传到地垄墙或砖墩上。垫木使用前应进行防火、防腐处理,垫木的厚度一般为50mm,可锯成一段,直接铺放于搁栅底下,也可沿地垄墙通长布置。若通长布置,绑扎固定的间距应不超过300mm,接头采用平接。在两根接头处,绑扎的铅丝应分别在接头处的两端150mm以内进行绑扎,以防接头处松动。

⑤木搁栅。木搁栅的作用是固定与承托面层,木搁栅断面积大小依地垄墙(或砖墩)的间距大小而定。间距大,木搁栅跨度大,断面尺寸大。无论怎样选木搁栅断面尺寸,都应符合设计要求。

木搁栅一般与地垄墙成垂直,摆放间距一般为500～600mm,并应根据设计要求,结合房间具体尺寸均匀布置。木搁栅的标高要准确,表面用水平尺抄平,也可以根据房间500mm标准线进行检查。特别要注意木搁栅表面标高与门扇下沿及其他地面标高的关系。

木搁栅找平后,用100mm的铁钉从搁栅的两侧中部斜向45°与垫木钉牢。搁栅安装要牢固,并保持平直。木搁栅表面要做防火、防腐处理。

⑥剪刀撑。它的作用是增加木搁栅侧向稳定性,增加楼地面的整体刚度,减少搁栅本身变形,剪刀撑布置在木搁栅两侧面,用75mm铁钉固定在木搁栅上。其间距应符合设计要求。

⑦毛地板。双层木地板的下层称毛地板,毛地板是使用松木板、杉木板等针叶木板,其宽度不大于120mm,铺前必须先把毛地板下空间内的杂物清除。

面层若是铺条形地板,毛地板应与木搁栅呈30°角或45°角斜向铺钉,木板的材心应朝上,边材应朝下铺钉,板面刨平,板缝一般为 2～3mm,相邻接缝应错开,毛地板和墙之间应留 10～20mm 的缝隙。

毛地板固定用板厚 2.5 倍的圆钉,每端钉两个。

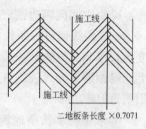

⑧弹施工控制线。为了保证地板按照预定的角度铺钉,一般用施工控制线来控制。图 2-36 即为地板的施工控制线的平面图。

二地板条长度 ×0.7071

图 2-36 地板施工平面图

a. 弹出房间的纵横中心线和镶边线。见图 2-37,图中 *d* 为房间镶边宽度。

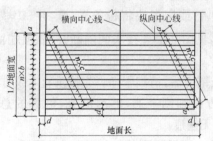

图 2-37 施工线布置图

b. 在纵向中心线的两侧弹出起始施工线,其间距为事先计算所得的起始施工线间距 *a*。

c. 在起始施工线的左右一次弹出施工线间距为 *b*。为了保证弹线的精度,避免产生累计误差,弹施工线时可采"斜—整数等分法"。

如设计要求面层地板下需铺油毡,而不便弹线时可采用挂线的方法代替弹线。

⑨铺油毡防潮、消声层一道。

⑩铺钉长条地板面层。

a. 毛地板清扫干净后,弹直条铺钉线。

b. 由中间向四边铺钉(小房间可从门口开始)。

c. 先跟线铺钉一条作标准,检验合格后,顺次向前展开用长度为板厚 2.5 倍的钉子从凹槽边倾斜 45°角或 60°角钉入毛地板上。钉帽砸扁冲入板内 3～5mm,钉子不露,钉到最后一块,可用明钉钉牢。

d. 采用硬木长条地板时,铺钉前应先钻孔,孔径为钉径的 0.7～0.8 倍。

铁扒锔

e. 为使缝隙严密顺直,在铺的板条近处钉铁扒钉或用楔块将板条靠紧,使之顺直,见图 2-38。接头间隔断开,靠墙端留 10～20mm 空隙。

图 2-38　钉铁扒钉铺长条地板

f. 企口板铺完后,清扫干净。先按垂直木纹方向粗刨一遍,再按顺木纹方向细刨一遍,然后磨光,刨磨的总厚度不超过 1.5mm,并应无刨痕。

g. 刨磨的木地板面层在室内喷浆或贴墙纸时,应采取防潮、防污染的保护措施,进行覆盖。

h. 油漆和上蜡,应待室内一切施工完毕后进行。

⑪铺钉拼花木地板。

拼花地板常用方格式、席纹式、人字式和阶梯式等,见图 2-39。

a. 毛地板清扫干净后,根据拼花形式,在地板房间中央弹出两条相互垂直的中心十字线或 45°角斜交线,按拼花大小标出块数进行预排。

b. 预排合格后确定镶边宽度(按房间大小或材料的尺寸而

图 2-39 拼花木地板样式

定,一般 300mm 左右),然后弹出分档施工控制线和镶边线,并在拼花地板线上沿长向拉通线,钉出木标准条。

c. 铺拼花木地板面层,应从房间中央开始向四周铺钉。人字纹木地板第一块的铺设是保证整个地板质量的关键,见图 2-40。

图 2-40 铺第一块地板位置示意

d. 铺钉时硬木拼花板条先钻好斜孔,孔大小为圆钉直径的 0.7~0.8 倍。然后用板厚 2.5 倍长的钉子两颗,穿过预先钻好的斜孔,钉入毛地板内。

e. 标准板铺好并检验合格后,按弹好的挡距画施工控制线,边铺油毡,边顺次向四周铺钉,最后圈边。

f. 钉镶边条:镶边条应采用直条骑缝铺钉,拼角处宜采用 45°交接。当室内外面层材料不同时,门口处的镶边条应铺到门扇的位置的外口,使门扇关闭后看不到木地板。镶边宽度不满足镶边的正倍数时,不得采取扩大缝隙的办法,而应按实际缝隙的大小锯割镶边,锯割口一边应靠墙钉。圈边地板仍要做成榫接,末尾不能榫接的地板,要用胶粘钉牢。

g. 地板刨光:拼花木地板宜采用地板刨光机(或手提电刨)

先粗刨,然后净光、打磨、油漆、上蜡。

(2)实铺式木地板。

实铺有两种情况:一是将木搁栅直接固定在基底上,二是将拼花地板块直接铺贴在平整光滑的混凝土或水泥地面上。即加搁栅和不加搁栅两种。这两种方法在当前室内装饰木质地面中多被采用。

①加搁栅做法地板安装。

工艺流程:埋放铅丝→安放搁栅→放置清体填充物(可不做)→铺毛地板→防潮、消声层→面层地板→打磨、油漆、上蜡。

a.如果是在首层,往往是在地面打混凝土时按放搁栅的位置在墙上作出标记,依此拉线埋放 8 号或 10 号铅丝,并呈 U形,两边露出的长度应满足绑扎50mm×70mm(可依空间放小搁栅截面尺寸)木方的长度,一般每边留 200mm 左右。

b.隔天将经防腐、防火处理过的木搁栅依设计位置就位。固定和调整的次序:先将房间两边两根木搁栅调平、调直,用铅丝绑扎牢固作为其余搁栅的标志;而后,依这两根标志拉线,小线应离搁栅上表面 1mm,其余搁栅按设计位置和拉线标高绑扎固定,高低调整时,上表面以线为据,下部不平处可用背向木楔垫平,全部调好后用细石混凝土在搁栅下 1/3 处抹小八字(或采用木搁栅间用木拉撑固定木搁栅,并将背向楔用钉子与木搁栅固定的方法)。搁栅在绑扎铅丝处上表面应刻槽使铅丝嵌入,以免造成搁栅表面不平。

c.为了起到保温和隔声效果,可在搁栅内填焦砟类的填充物。若追求木地板本来的弹性效果,搁栅之间应留空(可为空铺式)。

d.面层做法可参考空铺木地板的方法,即毛地板→油毡→面层地板→镶边→木踢脚→打磨、油漆、上蜡。构造层见

图 2-41。

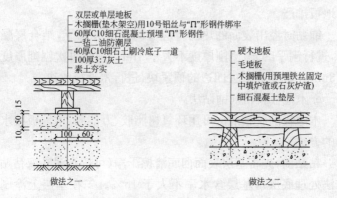

图 2-41　实铺式木地板构造层示意(mm)

②不加搁栅做法地板安装。

a. 水泥地面拼花木地板胶粘法。胶粘法木地板施工一般是在标准层以上的楼层使用,适应不潮湿的环境,其施工操作比较简单。其为在抹好(平整度经检查符合要求)且已干燥透的水泥砂浆地面上经打磨清扫干净后,用水重 30％的水泥 108 胶或水重 15％的水泥乳液腻子分两遍找平(如地面比较平整可省去此工序),干燥后用 1 号砂纸打磨平整,用潮布擦干净。

干透后在上面弹施工线,依线用白乳胶中略加水泥的水泥乳液胶打点粘结(在地板条之间应满涂),逐块粘铺。

所有的地板条粘铺完成以后的工作如镶边、镶踢脚板打蜡工序同前。

b. 水泥地面拼花木地板沥青玛瑞脂粘贴法。

用沥青玛瑞脂粘贴拼花木地板块,应先将基层清扫干净,涂刷一层冷底子油。涂刷得要薄且均匀,不得有空白麻点及气泡,待一昼夜后,再用热沥青玛瑞脂随涂随铺。

粘贴时要在木地板和基层上两面涂刷沥青,基层涂刷沥青厚度一般为2mm,木地板呈水平状态就位同时,用木块顶紧,将木地板排严。

铺贴时溢出表面的热沥青应及时刮去并擦干,结合层凝固后,进行刨平磨光,刨削厚度不大于 1mm,一般每次刨削厚度为0.3mm。刨平后拆去四边的顶紧块,进行木地板收边。

c.木地板胶粘剂铺贴法。

木地板的胶粘剂法可用环氧树脂胶、万能胶、木地板胶水铺贴的方法。

粘贴前,先将基层表面彻底清擦干净(可按水泥乳液粘贴的方法处理底层),基层含水率不大于 15%。先在基层上涂刷一层薄而匀的底子胶,然后依设计方案和尺寸弹施工线。

待底子胶干燥后,按施工线位置,依线由中央向四周铺贴,边涂胶边贴。在基层上涂刷 1mm 左右胶液,在木地板背面涂刷0.5mm 厚胶液,过 5min,表面不粘手后进行铺贴,贴时木地板块要放平,用橡皮锤敲实排紧。

其余施工要求与上述沥青粘铺法相同。

硬木地板块(无论人字纹,正、斜席字纹)在使用前均应选料。方法是选颜色花纹相近的用在一起,颜色花纹有误差的应放在另外的房间,如无条件可采用渐变的方法减小混乱感且要经刨方处理。方法是:每一地板条都要规方,而后将花纹颜色相近的若干块拼在一起(条数以呈方为准),用带胶的纸条或胶带粘在一起,再次规方。且在此前应在板条底面抄清油一道,以防板条变形。

木地板镶贴后在常温下保养 2~3d 即可进行刨平,用手提电刨,刨削方向应与板条成 45°角斜刨,刨子不宜走得太快,吃刀量不宜过大,最大吃刀量厚度不宜超过 0.5mm。以加工面无刨痕为宜。

木地板刨平后,应用电动磨光机磨光,第一遍粗砂用 3 号砂纸,第二遍磨光用 0～1 号砂纸。

而后刮腻子(清油地板或木质档次较高的可不用腻子,以体现木材档次和木纹)→刷油漆→上蜡。

③拼花木地板铺设。

a.拼花木地板面层是用加工好的成品铺钉于毛地板上,或是用沥青玛琋脂胶结料(或其他胶粘剂)粘贴于水泥地面(基层)上。见图 2-42。

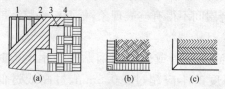

图 2-42　拼花木地板示意图

(a)拼花木地板构造层次;(b)斜方格纹;(c)人字纹

1—搁栅;2—毛地板;3—油纸;4—正方格纹硬木板面层

b.拼花木地板面层图案、树种、规格应符合设计要求选用。如设计无要求时应选用硬木材质,如水曲柳、核桃木、柳桉等质地优良,不易腐朽、开裂的木材,做成企口、截口或平头接缝的拼花木地板。

c.在毛地板上的拼花木板应铺钉紧密,所用钉子长度应为面层板厚的 2～2.5 倍,从侧面斜向钉入毛地板中,钉头不应露出。拼花木地板的长度不大于 300mm 时,侧面应钉两个钉子;长度大于 300mm 时,应钉三个钉子。顶端均应钉一个钉子。

d.拼花木地板预制成块,所用的胶应为防水和防菌的。接缝处应仔细对齐,胶合紧密,缝隙不应大于 0.2mm,外形尺寸准确,表面平整。

预制成块的拼花木地板铺钉在毛地板或木格条上,以企口互相连结,铺钉的要求应同前述。

e. 用沥青玛琋脂铺贴拼花木地板,其基层应平整洁净、干燥,并预先涂刷一层冷底子油,然后用热沥青玛琋脂随涂随铺,其厚度一般为 2mm。铺贴时,木板背面亦应涂刷一层薄匀的沥青玛琋脂。

f. 用胶粘剂粘贴拼花木地板,通常选用 903 胶、925 胶、万能胶、环氧树脂等,铺贴时,板块间的缝隙宽度以小于 0.5mm 为宜,板与结合层间不得有空鼓现象,板面应平整。铺完后 1～2d 即应刷油漆、打蜡。

g. 用沥青玛琋脂或胶粘剂铺贴拼花木地板时,相邻两块木板条的高度差不应超过 ±0.5mm,过高或过低应予修整。铺贴时,沥青玛琋脂或胶粘剂应避免溢出表面,如有应随即刮去。

h. 拼花木板条面层的缝隙不应大于 0.3mm。面层与墙之间的缝隙,应以踢脚板或踢脚条封盖。

i. 拼花木板表面应予刨(磨)光,所刨去的总厚不大于 1.5mm,并应无刨痕。铺贴的拼花木地板面层,应待沥青玛琋脂或胶粘剂凝结硬固后,方可刨(磨)光。

j. 拼花木地板面层的踢脚板或踢脚板压条等,应在面板刨(磨)光后再进行安装。

五、木模板配制与安装

模板是使混凝土构件成型的模型板,又称壳子板。

模板按构造类型分,有组合式模板、工具式模板、液压滑升模板、移动式模板、翻转式模板、拉模、脱模和折页式模板等。

按所用材料不同,有木模板、钢模板、钢木模板、钢丝网水泥模板、土模和砖模等。木模板制作装卸方便和适应性强。

在混凝土浇筑施工中,模板及其支架必须具有足够的承载能力、刚性和稳定性,能可靠地承受新浇筑混凝土的自重和侧压力,以及在施工过程中所产生的各种载荷;保证工程结构和构件各部分形状尺寸和相互位置正确;具有构造简单,装拆方便,便于钢筋的绑扎、安装和混凝土浇筑、养护等特点;并保证浇筑时板缝不漏浆。

如果模板制作质量达不到要求,就可能产生漏浆,造成构件或工程结构表面蜂窝、麻面和减弱构件强度。如果支架结构不合理,就可能产生支撑不牢,使模板在浇捣时变形错位,从而出现构件断面尺寸偏差过大,甚至造成倒塌事故。因此模板和支架材料的选择,组合方式的设计及制作安装质量,对混凝土的浇筑质量和施工安全是至关重要的。

1. 木模板的配制

配制模板前应首先熟悉图纸,把较为复杂的混凝土结构分解成形体简单的构件。按照构件的形体特征和它在整个结构和建筑构件中的位置,考虑采用经济合理的支模方式来确定模板的配制方法。由于构件的形状尺寸的多样性,各种模板的配法因构件而异。但不管有多大的不同,归纳起来大致可以把模板配制划分为成型模板和支撑系统制作两大部分。

(1)成型模板配制。

为了节约木材和提高工作效率,可根据常用的梁、板、柱的尺寸,设计和制作一系列成型模板,用它们进行不同的组合,即可完成这些构件的支模任务。

表 2-5 所列为定型模板规格尺寸参考表。

表2-5　　　　　　　　　　木制定型模板规格尺寸参考表

序　号	长度(mm)	宽度(mm)	使用范围
1	1000	300	圈梁、过梁、构造柱
2	1000	500	梁、板、柱
3	1000	600	梁、板、柱
4	900	250	圈梁、过梁、构造柱
5	900	300	圈梁、过梁、构造柱
6	900	500	梁、板、柱
7	900	600	梁、板、柱

　　定型模板一般为侧板和底板两种。图 2-43 为定型模板结构图,它由木板和木挡钉固而成。

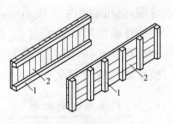

图 2-43　定型木模板
1—木挡;2—木板

　　①侧板。侧板是模板的立放板,它只承受混凝土的侧向压力,并挡住混凝土浆不向两侧渗漏,因此它要比底板薄一些。侧板一般用 30mm 厚的木板拼制。板边接缝找平刨直,并尽可能裁口搭接,使接缝严密,防止跑浆。侧板木挡为 50mm×50mm 的方木,木挡的中心距为 400～500mm。

　　侧板按表 2-5 尺寸拼制,两端要有木挡。钉从木板向木挡钉进,同一木挡上每块板上钉子不能少于两个,钉长为木板厚的 2～2.5倍。

　　若混凝土构件侧面为弧面,可制作弓形木挡配直窄条木板组成模板侧板。

　　②底板。模板的底板要承受模板自重、混凝土的重量和施工浇捣的冲击载荷,因此它要结实耐用。底板一般用 50mm 厚的木板。底板的净尺寸和混凝土构件底面净尺寸相同。它的背

面可以钉木挡,也可以钉在支撑系统的杆件上。

　　木模板应采用受干湿作用变形小,容易钉进钉子和韧性好的木材。常用红松、樟子松、杉木、水杉等树种锯制。

　　(2)木顶撑及木楔配制。

　　木顶撑是模板工程中的承重部件,它要承受和传递施工中加在模板上的全部载荷及施工人员和设备的重量。它由一根 100mm×100mm 的方木(或直径 120mm 以上的原木)和一根断面为 50mm×100mm 的方木横担及两根斜拉撑钉成(图 2-44)。

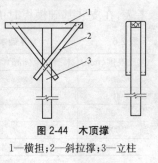

图 2-44　木顶撑
1—横担;2—斜拉撑;3—立柱

　　立柱两端应平齐,横担应平直,横担与立柱垂直。横担、立柱、斜拉撑之间的交汇点至少要钉两个铁钉,钉长应不小于其中一个杆件厚的 2～2.5 倍。横担的长度约等于模板底板宽度的 3 倍左右,以能够牢固地支撑侧板为宜。

　　　木顶撑的总长=梁底标高-模板底板厚度

　　　　　　　　　　-楼层地面标高-80mm

　　式中 80mm 为垫板和木楔厚度之和。

　　斜撑应利用现场的短头料因地制宜地配制,但必须具有足够的强度,以使木顶撑形状稳定。

　　木楔是支撑时调整底板高度不可缺少的部件。支模前要配制好足够用的木楔。木楔用 50mm×100mm 的小短方料套裁。

　　其他支模部件如搁栅、牵杠、夹木、搭头木等,按设计尺寸和用量备足,现场现配现用。

2. 基础模板的安装

　　钢筋混凝土基础有独立基础和条形基础两种。独立基础又分矩形基础、阶梯形基础、锥形基础和杯形基础等多种。条形基础因所处位置不同,支模方法也有所差异。因此,将根据不同情况介绍基础模板的安装方法。表 2-6 为基础木模板用料尺寸参考表,在支装基础模板时可以参考。

表 2-6　　　　　　　基础木模板用料尺寸参考表

基础高度(mm)	木挡间距(mm)(模板厚 25,振动器振捣)	木挡断面(mm)	附注
300	500	50×50	—
400	500	50×50	—
500	500	50×75	平摆
600	400~500	50×75	平摆
700	400~500	50×75	平摆

　　(1)矩形基础模板安装。

　　①矩形基础模板安装见图 2-45。它由四块模板拼成的边模和四周支撑组成。

　　②矩形基础模板的安装程序。首先校验基础垫层标高,弹出基础的纵横中心线和边线。立拼四块侧板。先将同基础同宽两端平齐的侧板按线放好临时固定,再将另一对侧板从两边靠上用钉临时牵住。校直校方侧板后将四块侧板

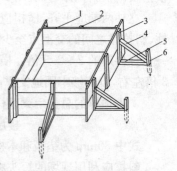

图 2-45　矩形基础模板
1—侧板;2、3—木挡;
4—斜撑;5—水平撑;6—木桩

钉牢。钉四周水平撑、斜撑和木桩将模板位置和形状固定。在四块侧板内表面弹出基础上表面位置线。

　　(2)阶梯形基础模板安装。

　　①阶梯形基础模板见图 2-46。它由上下两层矩形模板、两阶模板连接定位的桥杠和撑固件组成。

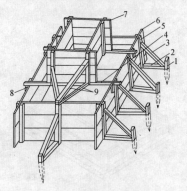

图 2-46 阶梯形基础模板

1—定位木桩;2—水平撑;3—斜撑;4—桥杠;

5—木挡;6—下层侧板;7—上阶侧板;8—桥杠固定木;9—上阶模板撑固件

②阶梯形基础模板的安装程序。先安装下层矩形模板,安装方法同矩形基础模板。在工作台或平地上将上阶基础模板校方校直后钉牢。其中一对侧板的最下面一块板作为桥杠,它的长度应大于下层模板的宽度。把上阶基础模板整体抬放到下层基础模板上,校正位置后用四根方木分别将桥杠四端同下阶模板侧板固定在一起。最后在上下阶模板之间加钉水平撑和斜撑,使上下阶基础模板组合成一整体。

(3)杯形基础模板安装。

①杯型基础模板见图 2-47。它由上下两阶模板、杯芯及连接固定杆件组成。

②杯形基础模板的安装程序。上、下层模板的安装同阶梯形基础模板基本相同。预先根据图纸做好杯芯模板。为便于抽出,杯芯侧板做成竖向的,并稍有一定锥度。根据杯孔深度在杯芯外面平行地钉两根桥杠,桥杠应与杯芯中心线垂直。将杯芯模板放在杯口位置,两根桥杠担在上阶模板侧板上,校准位置后

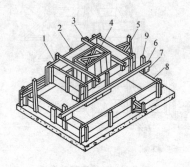

图 2-47　杯形基础模板

1—上阶侧板；2—木挡；3、6—桥杠；4—杯芯模板；5—上阶模板撑固件；

7—托木；8—下层模板侧板；9—桥杠固定木

用四根短方木将桥杠两端同上阶模板侧板固定。

(4)锥形基础模板安装。

①锥形基础模板见图 2-48。它是由四块侧板和定位木桩组成。

②锥形基础模板安装程序。锥形基础模板下部为矩形模板,上部为上小下大的锥台。上部模可用四块梯形模板组装,也可以用一对梯形侧板和一对矩形侧板组装。上下两层侧板用铁钉牵固成一整体。整个模板组装好后沿基础边线放好,四周用木桩将其位置固定。为防止模板被混凝土浮起,浇筑前可用钢丝系在钢筋上。

(5)矩形条形基础模板安装。

条形基础又称带形基础,它分为矩形条形基础和带地梁条形基础两种。因此支模方法分为矩形条形基础模板和带地梁条形基础模板两种。

①矩形条形基础模板见图 2-49。它由两侧侧板和支撑件组成。

②矩形条形基础的安装程序。清理基础平面,弹条形基础

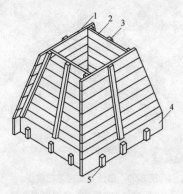

图2-48　锥形基础模板

1、2—锥形模板侧板；3—木挡；4—垂直板；5—木桩

中心线和边线。用定型模板按基础边线组放一边侧板，并临时固定。标准标高，用垂直垫木和水平撑将侧板逐段固定。支撑间距为 500～800mm。放置钢筋后立另一侧侧板。校直后用木桩、水平撑和斜撑逐段固定。在两侧板内侧弹条形基础上表面标高线。并用搭头木将两侧板间距固定。

（6）带地梁条形基础模板安装。

①带地梁条形基础模板见图2-50。下层基础部分由两侧板和支撑件组成。上层地梁部分由侧板、桥杠、斜撑和吊木组成。

②带地梁条形基础模板的安装程序。下层条形基础部分的模板安装同矩形条形基础模板。将地梁侧板分段在平台或

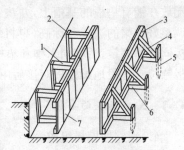

图2-49　矩形条形基础模板

1—平撑；2—垂直垫木；3—木挡；
4—斜撑；5—木桩；6—水平撑；7—侧板

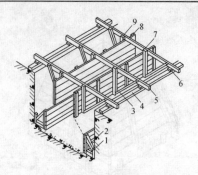

图 2-50　带地梁条形基础模板

1—水平撑；2—斜撑；3—地梁模板斜撑；

4—垫板；5—桥杠；6—木楔；

7—地梁模板侧板；8—木挡；9—吊木

地面上同桥杠固定在一起。装钉方法是，先在桥杠上根据梁宽和侧板厚度画线，沿线在桥杠上钉挂吊木上端，使吊木基本垂直于桥杠。将侧板上边紧贴桥杠钉在桥杠的吊木上。吊木间距按设计尺寸放置。将一段段钉好的地梁模板放入基槽内，桥杠两端放在铺有垫板的基槽上，并垫上木楔，以便调整侧板的标高。调整好地梁的边线和标高，再将侧板与桥杠用斜撑固定。将垫板同基槽固定，桥杠同木楔和垫板固定在一起，防止地梁模板侧板错位。各段地梁模板对接后用木条封闭，防止漏浆。

3. 柱模板的安装

（1）独立柱模板组成。

独立柱模板安装见图 2-51。图 2-51（a）为矩形柱模板，由两块竖向侧板和两侧横板组成。图 2-51（b）为方形柱模板，由四块竖向侧板、柱箍组成。

柱模板下端留一清渣口，清渣口尺寸为柱宽×200mm，用以清理装模时掉在柱模的木块等杂物。柱模中部留有混凝土浇

筑口,孔洞以下混凝土浇完后封
闭。柱模上端留有梁模连接缺
口,用以梁模插入固定。

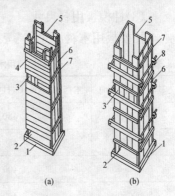

为了抵抗混凝土的侧向压
力,防止柱模侧板外鼓,每隔 1m
左右在柱模上加一道柱箍。柱箍
可用木制、钢制和钢木制几种。
因柱模下部侧向压力比上部大,
因此柱模在底部柱箍应比较密一
些。为了稳固柱模板应用斜撑撑
固,柱模之间用水平撑和剪力撑
相互牵牢,防止位移和偏斜。

图 2-51 独立柱模板
1—木框;2—清渣口;3—浇筑口;
4—横向侧板;5—梁模板接口;
6—竖向侧板;7—木挡;8—柱箍

(2)独立柱模板的安装程序。

①在基础表面按设计要求弹出柱的轴线和边线。同一列柱
应先弹两端柱的轴线和边线,然后拉通线划出中间柱的边线。

②在柱底装一木框,用以固定柱模水平位置。木框内边净
尺寸应等于柱宽加两个侧板厚度。

③木框装好后,将两个竖向侧板插入木框,从纵横两个方向
校直后,用斜撑临时固定,钉上一侧横板(或竖板)。

④绑扎好柱子钢筋。将另一侧侧板(或竖板)装钉好。注意
留出清渣口和浇筑口。

⑤安装柱箍,将四块侧板箍紧。

⑥装钉好斜撑、水平撑和剪力撑,使柱模垂直稳固。

⑦最后清理柱模内的木块等杂物,用木板将清渣口封闭。

柱模安装还可采用井架支模的方法。它由四根直立的木柱
(或钢管)和横向木杆及轧条组成。井架把柱模牢固地固定住,
并可作为浇捣混凝土的脚手架用。

（3）柱模板用料尺寸。

柱模板用木料尺寸参考表 2-7。

表 2-7　　　　　　　　　柱模板用木料尺寸参考表

柱子断面(mm)	木挡间距(mm)(柱模板厚 50mm)	木挡断面(mm)	附注
300×300	450	50×50	—
400×400	450	50×50	—
500×500	400	50×75	平摆
600×600	400	50×75	平摆

4. 梁模板的安装

在建筑工程中常见的有矩形单梁、T 型梁、花篮梁、过梁和圈梁等。不同的梁支模方法有所不同。这里以矩形单梁及圈梁的支模方法为例，其他梁的支模方法相似，大同小异不再叙述。

（1）矩形单梁模板安装。

①矩形单梁模板构造。矩形单梁模板见图 2-52。它由侧板、底板、夹木、搭头木、木顶撑、斜撑等部分组成。

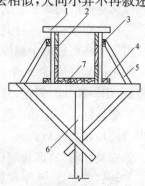

混凝土对梁模板既有水平侧压力又有垂直压力，因此梁模板及其支撑系统必须能够承受这些载荷，而又不致发生过大的变形。梁侧板只承受水平侧压力，厚度一般为 25～30mm。底板承受较大的垂直压力，板厚应不小于

图 2-52　矩形单梁模板
1—搭头木；2—侧板；3—托木；
4—夹木；5—斜撑；
6—木顶撑；7—底板

50mm。侧板和底板可以用定型模板拼装。

　　梁底以木顶撑支撑住,一般沿梁的轴线每隔 900～1100mm 安装一根,并以夹木夹紧梁模板,以斜撑和托木将梁模板固定。斜撑上端钉在托木上,托木钉在侧板木挡上,斜撑下端钉在木顶撑的横担上。木顶撑下面垫有垫板,并以木楔调整梁模高度。垫板尺寸一般为50mm×200mm×(600～1000)mm。

　　在梁模的上口每隔 1000～1500mm 钉一根搭头木,以保证梁宽准确。

　　②在相对应的两端柱模的缺口下钉支座木。支座木上平面高度等于梁底高度减去梁模底板厚度。

　　③将梁模底板搁置在两柱模的支座木上。

　　④在梁模底板下立木顶撑,顶撑下面垫上垫木,用木楔将梁模底板调整到设计高度。

　　⑤将两侧侧板放在木顶撑的横担上,夹紧底板,钉上夹木。在侧板的上端钉上托木,以斜撑将侧板撑直、撑牢。在侧板的上口顶上搭头木。

　　⑥待梁的中心线和梁底高度校核无误后,将木楔敲紧,并与木顶撑和垫板钉牢。木顶撑之间以水平拉撑和剪刀撑相互牵搭。

　　梁的跨度较大时,安装模板时应预先起拱,起拱量应根据模板及支撑的刚度计算确定。无具体规定时,起拱量可取梁跨度的 1/1000～3/1000。

　　(2)圈梁模板安装。

　　①圈梁模板构造。图 2-53 为圈梁模板安装图。它由横担、侧板、夹木、斜撑和搭头木等部件组装而成。

　　圈梁的重量主要由墙体支撑,侧板只承受混凝土浇捣时的侧向压力。侧板的支撑和固定靠穿入墙体预留洞内的横担、夹

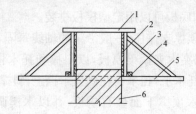

图 2-53　圈梁模板

1—搭头木；2—侧板；3—斜撑；4—夹木；5—横担；6—砖墙

木和斜撑来实现。为防止浇捣混凝土时侧板被胀开，侧板上口以搭头木或顶棍给以牵固。

②将 50mm×100mm 截面的木横担穿入梁底一皮砖处的预留洞中，两端露出墙体的长度一致，找平后用木楔将其与墙体固定。

③立侧板。侧板下边担在横担上，内侧面紧贴墙壁，调直后用夹木和斜撑将其固定。斜撑上端钉在侧板的木挡上，下端钉在横担上。

④每隔 1000mm 左右在圈梁模板上口钉一根搭头木或顶棍，防止模板上口被胀开。

⑤在侧板内侧面弹出圈梁上表面高度控制线。

⑥在圈梁的交接处做好模板的搭接。

⑦梁模板用木料尺寸参考表 2-8。

表 2-8　　　　　　　　　梁模板用木料尺寸参考表　　　　　　　（单位：mm）

梁高	梁侧板厚度水上于 25,梁底板厚度 40			
	木挡间距	木挡断面	支承点间距	木顶撑断面
300	550	50×50	1250	50×100
400	500	50×50	1150	20×100

续表

梁高	梁侧板厚度水上于25,梁底板厚度40			
	木挡间距	木挡断面	支承点间距	木顶撑断面
500	500	20×75(平摆)	1050	50×100
600	450	50×75(平摆)	1000	50×100
800	450	50×75(平摆)	900	50×100
1000	400	50×100(平摆)	850	50×100
1200	400	50×100(平摆)	800	50×100

5.楼板模板的安装

(1)楼板模板构造。

现浇楼板模板的安装,一般是和梁或圈梁模板相联系的。图 2-54 为楼板模板安装图。它由底板、搁栅及支撑装置组成。

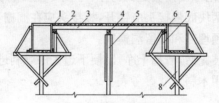

图 2-54　楼板模板

1—梁模侧板;2—板模底板;3—搁栅;4—牵杠;5—牵杠撑;6—牵杠;
7—托木;8—木顶撑

楼板模板的面积较大,所承受的重量较重。作底模的平板平铺在搁栅上,搁栅断面一般为 50mm×100mm 或 80mm×80mm 的木枋,间距 500~1000mm。搁栅固定在牵杠上。靠梁牵杠用托木顶撑固定在梁模上。中间牵杠用牵杠撑撑平、固定。牵杠的高度等于楼板底面高度减去搁栅高度与底板厚度之和。

牵杠撑之间用水平撑和剪力掌互相牵牢。

（2）楼板模板的安装程序。

①在梁模板的侧板上钉上牵杠，使牵杠上表面处于水平面内，并符合标高要求。在牵杠下面立托木，使牵杠受力经托木传至梁模下的木顶撑上。

②将搁栅均匀分布垂直于牵杠，担放在梁模侧的牵杠上。

③在搁栅下按设计间距顶立中间牵杠。牵杠由牵杠撑顶撑，牵杠撑下垫上垫板，以木楔调整搁栅高度，使搁栅上平面处于同一水平面内。

④搁栅高度调好后，将搁栅同牵杠，牵杠撑同牵杠及垫板木楔用钉固定牢固。在牵杠撑之间，以及牵杠撑同梁模木顶撑间，以水平撑和剪刀撑相互牵搭牢固。

⑤在搁栅上垂直于搁栅平铺板模底板。底板边缝应予调直拼严，只在板两端及接头处钉钉子，中间尽量少钉钉子，以便于拆模。相邻两块底板接头应错开，板接头应在搁栅上。

⑥放置预埋件和预留洞模板。

⑦模板装完后，清扫干净，以便下道工序顺利进行。

板模板用木料尺寸参考表 2-9。

表 2-9　　　　　　　板模板用木料尺寸参考表　　　　（单位：mm）

混凝土平台板厚度	搁栅断面	搁栅间距	底板厚度	牵杠断面	牵杠间距	牵杠撑间距
60~120	50/100	500	25	70×150	1200	1500
140~200	50×100	400~500	25	70×200	1200	1300~1500

6. 墙模板的安装

（1）墙模板构造。

墙模板见图 2-55，它由侧板、立挡、横木、牵杠、水平撑、斜撑、木桩等部件组成。

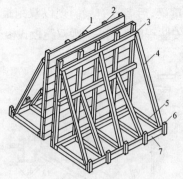

图 2-55　墙模板

1—侧板;2—立挡;3—横木;4—斜撑;5—水平撑;6—木桩,7—牵杠

定型模板或木板固定于一排立挡上,立挡上分上、中、下钉有三根横木,横木用斜撑、水平撑、牵杠和木桩支撑,以固定和保持墙模的位置和稳定。

(2)墙模板的安装程序。

①在基础或楼面上弹出墙的中心线和边线。

②钉好木桩,放置固定牵杠。牵杠应与墙的边向平行。

③将一侧模板立好钉上横木,调直后用水平撑和斜撑固定。水平撑和斜撑一端同横木钉在一起,另一端顶钉在牵杠上。侧板可以用横向木板钉在立挡上,也可以用定型模拼接钉于立挡上。

④绑扎好钢筋后立另一侧侧板。

⑤为保持墙体厚度一致,应用小木撑或钢筋支撑顶撑模板侧板,用钢丝拉紧。在侧板上每隔 1000mm 左右钉一根塔头木,将两侧板相对位置固定。

7. 楼梯模板的安装

(1)楼梯模板构造。

现浇混凝土楼梯有梁式和板式两种结构形式。前者每梯段两侧底下设有承重梁,后者没有梁。现以双跑板式楼梯为例,说明其模板构造及安装程序。图2-56为双跑板式楼梯模板安装图。

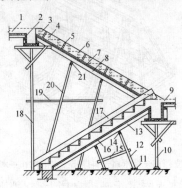

图 2-56　楼梯模板

1—楼面平台模板;2—楼面平台梁模板;3—外帮侧板;4—木挡;5—外帮板木挡;
6—踏步侧板;7、16—楼梯底板;8、13—搁栅;9—休息平台梁及平台板模板;
10、18—木顶撑;11—垫板;12、20—牵杠撑;14、21—牵杠;15、19—拉撑;17—反三角

　　双跑板式楼梯包括两个梯段(踏步和梯板)、休息平台梁、楼面平台梁、平台板等。平台梁、平台板的支模方法与梁和板的模板基本相同。

　　梯段模板由外帮板、底板、搁栅、牵杠及牵杠撑、踏步侧板、反三角等组成。

　　下阶楼梯底板下的搁栅,下端固定在梯基模板侧板的托木上,上端固定在休息平台梁模板侧板的托木上,中部由牵杠和牵杠撑支顶。

　　上阶楼梯模板底板下的搁栅上端放在楼层平台梁模板侧板的托木上,下端固定在休息平台梁模板侧板的托木上,中间以牵杠和牵杠撑顶撑。外帮板立在底板上,以夹木和斜撑固定。外帮板内侧钉有固定踏步侧板的木挡。

　　反三角由若干块三角木块连续钉在方木上制成。三角木的直角边长等于踏步的高和宽。每一梯段至少要配一块反三角。反三角靠墙放立,两端分别固定在梯基模板和平台梁模板侧板上。

踏步侧板一端钉在外帮板的木挡上,另一端钉在反三角的直角边上。

(2)楼梯模板的安装程序。

①在平台梁和梯基楼板侧板上钉托木。

②在托木上担放和固定搁栅。搁栅间距 400～500mm。在搁栅中部支顶牵杠和牵杠撑。并用拉撑将牵杠撑牵连起来。

③在搁栅上钉楼梯模板底板。

④在底板上划出梯段宽度线。

⑤按照楼梯尺寸在外帮板上画出踏板形状,钉上踏步侧板木挡后,沿梯段宽度线立在底板上,用夹木和斜撑固定。

⑥按照踏步形状锯制三角木板,并将三角木板连续地钉在 $50mm \times 100mm$ 的木枋上制成反三角。将反三角钉牢于平台梁及梯基模板的侧板上。

⑦将梯基侧板一块块钉牢于外帮板的木挡和反三角的三角木侧面上。

⑧按照上述方法将各梯段楼梯模板钉好。

⑨当梯段较宽时,还要在外帮侧板和反三角中间再加一道反三角。中间反三角以横担和吊木固定。横担担在外帮侧板和靠墙反三角上。

(3)板式楼梯木模板用料。

板式楼梯木模板用料参考表 2-10。

表 2-10　　　　　　　　板式楼梯木模板用料参考表　　　　（单位:mm）

斜搁栅断面	斜搁栅间距	牵杠断面	牵杠撑间距	底模板厚	统长顺带断面
50×100	400～500	70×150	1000～1200	20～25	70×150

8. 挑檐模板的安装

(1)挑檐模板构造。

挑檐是同屋顶圈梁连接一体的,因此挑檐模板是同圈梁模板一起进行安装的。图 2-57 为挑檐模板安装图。它由托木、牵杠、搁栅、底板、侧板、桥杠、吊木、斜撑等部件组成。

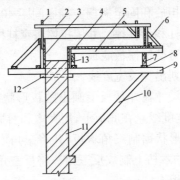

图 2-57　挑檐模板
1—撑木;2—桥杠;3—圈梁模侧板;4—挑檐模板底板;5—搁栅;
6、10—斜撑;7、13—牵杠;8—木楔;9—托木;11—墙壁;12—窗台线

托木穿入挑檐下一皮砖的预留墙洞内,以木楔固定,用斜撑撑平后作为圈梁和挑檐模板的支撑体。圈梁模板以夹木和斜撑固定。内侧板高于外侧板。在托木上垂直于托木放两根牵杠,牵杠以木楔调平后固定。在牵杠上布置固定底板搁栅。在搁栅上钉挑檐模板底板。挑檐的外侧板垂直放立在底板上以夹木和斜撑固定。挑檐外沿内侧板,以桥杠和吊木吊立。桥杠以撑木固定在圈梁模板的内侧板上,另一端固定在挑檐的外侧板上。

(2)挑檐模板的安装程序。

①在预留墙洞内穿入托木,以斜撑撑平后,用木楔固定在墙

上。托木间距为 1000mm。

②立圈梁模板,并用夹木和斜撑固定。

③在托木上固定牵杠,牵杠以木楔调平。

④搁栅垂直地钉于牵杠上。在搁栅上钉挑檐模板底板。

⑤立挑檐模板外侧板,并以斜撑、夹木固定。

⑥在圈梁模板内侧板上钉撑木。桥杠一端担钉在挑檐模板外侧板上,另一侧钉在撑木上。

⑦在桥杠上钉吊木,并以斜撑支撑垂直,在吊木上固定挑檐外沿内侧模板。

🔊 9. 阳台模板的安装

(1)阳台模板构造。

阳台一般为悬臂梁板结构,它由搁栅、牵杠、牵杠撑、底板、侧板、桥杠、吊木、垫木、斜撑等部分组成。图 2-58 为阳台模板安装图。

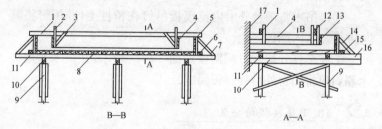

图 2-58　阳台模板

1—桥杠;2、12—吊木;3、7、14—斜撑;4、13—内侧板;5—外侧板;6、15—夹木;
8—底板;9—牵杠撑;10—牵杠;11—搁栅;16—垫木;17—墙

挑梁阳台模板的搁栅沿墙的方向平行放置在垂直于墙的牵杠上。牵杠由牵杠撑支顶。牵杠撑之间以平撑和剪刀撑相互牵牢。底板平铺在搁栅上,板缝挤紧钉牢。阳台挑梁模板的外侧板以夹木和斜撑固定在搁栅上。阳台外沿侧板以夹木、垫木和斜撑固定于牵杠的外端。阳台挑梁模板的内侧板以桥杠、吊木和斜撑固定。桥杠担钉在挑梁模板外侧板上。阳台外沿内侧板以吊木固定在桥杠上。

（2）阳台模板的安装程序。

①在垂直于外墙的方向安装牵杠，以牵杠撑支顶，并用水平撑和剪刀撑牵搭支稳。

②在牵杠上沿外墙方向布置固定搁栅。以木楔调整牵杠高度，使搁栅上表面处于同一水平面。

③垂直于搁栅铺阳台模板底板，板缝挤严用圆钉固定在搁栅上。

④装钉阳台左右外侧板，使侧板紧夹底板，以夹木、斜撑固定在搁栅上。

⑤将桥杠担在左右外侧板上，以吊木和斜撑将左右挑梁模板内侧板吊牢。

⑥以吊木将阳台外沿内侧模板吊钉在桥杠上，并用钉将其与挑梁左右内侧板固定。

⑦在牵杠外端加钉同搁栅断面一样的垫木，在垫木上用夹木和斜撑将阳台外沿外侧板固定。

10.雨篷模板的安装

（1）雨篷模板构造。

雨篷包括过梁和雨篷板两部分。模板的构造和安装方法同梁板模板有些相似。图 2-59 为雨篷模板安装图。它由过梁底模板和侧板、木顶撑、牵杠、牵杠撑、搁栅、雨篷底板和侧板、搭头木等部分组成。

过梁模板以木顶撑、夹木和斜撑支撑固定。过梁的外侧板

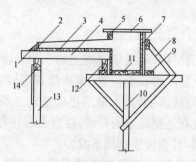

图 2-59　雨篷模板

1—三角木；2—雨篷侧板；3—雨篷底板；4—搁栅；5—木条；6—搭头木；7—过梁内侧模板；8—斜撑；9—夹木；10—木顶撑；11—过梁底模板；12、14—牵杠；13—牵杠撑

上端以搭头木将木条吊定。在过梁的外侧板旁钉牵杠木，外侧牵杠以牵杠撑支顶，并用水平撑和剪刀撑互相牵牢。在牵杠上布置固定搁栅，搁栅垂直于梁。在搁栅上钉铺雨篷模板底板。雨篷侧板立在底板上以三角木固定。

（2）雨篷模板的安装程序。

①立过梁模板下的木顶撑，并按以前介绍过的方法固定梁的模板。

②在梁模内侧板上钉搭头木，搭头木另一端钉木条，用以梁端突出部分成型，木条两端担于雨篷侧板上。

③在梁模外侧板装钉牵杠，另一牵杠用牵杠撑顶撑。用水平撑和剪刀撑将牵杠撑相互搭连。

④在牵杠上布置固定搁栅。使搁栅上表面处于同一水平面。

⑤在搁栅上平铺雨篷模板底板，板缝挤严后用钉固定。

⑥在底板上用三角木固定雨篷侧板。

⏺️ 11. 模板的拆除施工

拆除模板的时间,取决于混凝土的水泥强度等级和硬化时的气温、混凝土强度增长的快慢、模板位置等因素。适时拆模,可加快模板的周转速度,为下道工序创造施工条件。但如拆模过早,混凝土没有达到足够的强度,在自重或外力的作用下可能产生裂纹、断裂,甚至发生倒塌事故。

根据《混凝土结构工程施工质量验收规范》(GB 50204—2015)的规定,现浇结构的模板及支架拆除时的混凝土强度,应符合设计要求;当设计无具体要求时,应符合下列规定:

(1)侧模。在混凝土强度能保证其表面及棱角不因拆除模板而受损坏后,方可拆除。

(2)底模。在混凝土强度符合表 2-11 规定后方可拆除。拆模时,要根据具体情况,考虑拆除部位和先后次序,做到既有利于拆模,又能保证施工安全,尽量由原支模人员拆模。

一般应按照后装的先拆,先装的后拆的原则,按部就班地进行。

侧模的拆除,应自上而下,先外后内地进行,先拆搭头木、斜撑、夹木、梁箍等,最后拆侧板。

拆模时用力不要过猛,以免撬空伤人。共同操作人员要相互呼应,防止模板落下伤人。

表 2-11　　　　　　　　现浇结构拆模时所需混凝土强度

结构类型	结构跨度(m)	按设计的混凝土强度标准值的百分率计(%)
板	≤2	50
	>2 且≤8	75
	>8	100

结构类型	结构跨度(m)	按设计的混凝土强度标准值的百分率计(%)
梁、拱、壳	≤8	75
	>8	100
悬臂构件	≤2	75
	>2	100

注:设计的混凝土强度标准值系指与设计混凝土强度等级相应的混凝土立方体抗压强度标准值。

拆下的模板要沿运输通道下运,严禁从高空下抛。

拆除的模板要及时清除水泥粘块,起出钉子,修理后分类堆放,以便下次取用。

第3部分 木工岗位安全常识

一、木工施工安全基本知识

1. 一般安全操作规程

(1)高处作业时,材料码放必须平稳整齐。

(2)使用的工具不得乱放,地面作业时应随时放入工具箱,高处作业应放入工具袋内。

(3)作业时使用的铁钉,不得含在嘴中。

(4)作业前应检查所使用的工具,如手柄有无松动、断裂等,手持电动工具的漏电保护器应试机检查,合格后方可使用。操作时戴绝缘手套。

(5)使用手锯时,锯条必须调紧适度,下班时要放松,以防再使用时锯条突然暴断伤人。

(6)成品、半成品、木材应堆放整齐,不得任意乱放。不得存放于在施工程内,木材码放高度不超过 1.2m 为宜。

(7)木工作业场所的刨花、木屑、碎木必须自产自清、日产日清、活完场清。

(8)用火必须事先申请用火证,并设专人监护。

2. 模板安装与拆除安全操作规程

(1)模板安装应遵守下列规定:

①作业前应认真检查模板、支撑等构件是否符合要求,钢模板有无严重锈蚀或变形,木模板及支撑材质是否合格。

②地面上的支模场地必须平整夯实,并同时排除现场的不安全因素。

③模板工程作业高度在 2m 和 2m 以上时,必须设置安全防护设施。

④操作人员登高必须走人行梯道,严禁利用模板支撑攀登上下,不得在墙顶、独立梁及其他高处狭窄而无防护的模板面上行走。

⑤模板的立柱顶撑必须设牢固的拉杆,不得与门窗等不牢靠和临时物件相连接。模板安装过程中,不得间歇,柱头、搭头、立柱顶撑、拉杆等必须安装牢固成整体后,作业人员才允许离开。

⑥基础及地下工程模板安装,必须检查基坑土壁边坡的稳定状况,基坑上口边沿 1m 以内不得堆放模板及材料。向槽(坑)内运送模板构件时,严禁抛掷。使用溜槽或起重机械运送,下方操作人员必须远离危险区域。

⑦组装立柱模板时,四周必须设牢固支撑,如柱模在 6m 以上,应将几个柱模连成整体。支设独立梁模应搭设临时操作平台,不得站在柱模上操作和在梁底模上行走和立侧模。

(2)模板拆除应遵守下列规定:

①拆模必须满足拆模时所需混凝土强度,经工程技术领导同意,不得因拆模而影响工程质量。

②拆模的顺序和方法。应按照先支后拆、后支先拆的顺序;先拆非承重模板,后拆承重的模板及支撑;在拆除用小钢模板支撑的顶板模板时,严禁将支柱全部拆除后,一次性拉拽拆除。已拆活动的模板,必须一次连续拆除完,方可停歇,严禁留下不安全隐患。

③拆模作业时,必须设警戒区,严禁下方有人进入。拆模作

业人员必须站在平稳、牢固可靠的地方,保持自身平衡,不得猛撬,以防失稳坠落。

④严禁用吊车直接吊除没有撬松动的模板,吊运大型整体模板时必须拴结牢固,且吊点平衡,吊装、吊运大钢模时必须用卡环连接,就位后必须拉接牢固方可卸除吊环。

⑤拆除电梯井及大型孔洞模板时,下层必须支搭安全网等可靠防坠落措施。

⑥拆除的模板支撑等材料,必须边拆、边清、边运、边码垛。楼层高处拆下的材料,严禁向下抛掷。

3.门窗安装安全操作规程

(1)安装二层楼以上外墙门窗扇时,外防护应齐全可靠,操作人员必须系好安全带,工具应随手放进工具袋内。

(2)立门窗时必须将木楔背紧,作业时不得一人独立操作,不得碰触临时电线。

(3)操作地点的杂物,工作完毕后,必须清理干净运至指定地点,集中堆放。

4.构件安装安全操作规程

(1)在坡度大于25°的屋面操作,应设防滑板梯,系好保险绳,穿软底防滑鞋,檐口处应按规定设安全防护栏杆,并立挂密目安全网。操作人员移动时,不得直立着在屋面上行走,严禁背向檐口边倒退。

(2)钉房檐板应站在脚手架上,严禁在屋面上探身操作。

(3)在没有望板的轻型屋面上安装石棉瓦等,应在屋架下弦支设水平安全网。

(4)拼装屋架应在地面进行,经工程技术人员检查,确认合格,才允许吊装就位。屋架就位后必须及时安装脊檩、拉杆或临时支撑,以防倾倒。

(5)吊运屋架及构件材料所用索具必须事先检查,确认符合要求,才准使用。绑扎屋架及构件材料必须牢固稳定。安装屋架时,下方不得有人穿行或停留。

(6)板条天棚或隔声板上不得通行和堆放材料,确因操作需要,必须在大楞上铺设通行脚手板。

二、现场施工安全操作基本规定

1. 杜绝"三违"现象

员工遵章守纪,是实现安全生产的基础。员工在生产过程中,不仅要有熟练的技术,而且必须自觉遵守各项操作规程和劳动纪律,远离"三违",即违章指挥、违章操作、违反劳动纪律。

(1)违章指挥。企业负责人和有关管理人员法制观念淡薄,缺乏安全知识,思想上存有侥幸心理,对国家、集体的财产和人民群众的生命安全不负责任。明知不符合安全生产有关条件,仍指挥作业人员冒险作业。

(2)违章作业。作业人员没有安全生产常识,不懂安全生产规章制度和操作规程,或者在知道基本安全知识的情况下,在作业过程中,违反安全生产规章制度和操作规程,不顾国家、集体的财产和他人、自己的生命安全,擅自作业,冒险蛮干。

(3)违反劳动纪律。上班时不知道劳动纪律,或者不遵守劳动纪律,违反劳动纪律进行冒险作业,造成不安全因素。

2. 牢记"三宝"和"四口、五临边"

(1)"三宝"指安全帽、安全带、安全网。安全帽、安全带、安全网是工人的三件宝,只有正确佩戴和使用,才可以保证个人安全。

(2)"四口"指楼梯口、电梯井口、预留洞口、通道口。"五临边"是指尚未安装栏杆的阳台周边、无外架防护的层面周边、框架工程楼层周边、上下跑道及斜道的两侧边、卸料平台的侧边。

"四口、五临边"是施工现场最危险和最容易发生事故的地方,因此对施工现场重要危险部位进行正确的防护,可以有效地减少事故发生,为工人作业提供一个安全的环境。

3. 做到"三不伤害"

"三不伤害"是指不伤害自己、不伤害他人、不被他人伤害。

施工现场每一个操作人员和管理人员都要增强自我保护意识,同时也要对安全生产自觉负起监督的责任,才能达到全员安全的目的。

施工时经常有上下层或者不同工种、不同队伍互相交叉作业的情况,要避免这时候发生危险。相互间协调好,上层作业时,要对作业区域围蔽,有人值守,防止人员进入作业区下方。此外落物伤人,也是工地经常发生的事故之一,进入施工现场,一定要戴好安全帽。作业过程中,观察周围,不伤害他人,也不被他人伤害,这是工地安全的基本原则。自己不违章,只能保证不伤害自己,不伤害别人。要做到不被别人伤害,就要及时制止他人违章。制止他人违章既保护了自己,也保护了他人。

4. 加强"三懂三会"能力

"三懂三会"即懂得本岗位和部门有什么火灾危险性,懂得灭火知识,懂得预防措施;会报火警,会使用灭火器材,会处理初起火灾。

5.掌握"十项安全技术措施"

(1)按规定使用安全"三宝"。

(2)机械设备防护装置一定要齐全有效。

(3)塔吊等起重设备必须有限位保险装置,不准带病运转,不准超负荷作业,不准在运转中维修保养。

(4)架设电线线路必须符合当地电业局的规定,电气设备必须全部接零接地。

(5)电动机械和手持电动工具要设置漏电保护器。

(6)脚手架材料及脚手架的搭设必须符合规程要求。

(7)各种缆风绳及其设置必须符合规程要求。

(8)在建工程的楼梯口、电梯口、预留洞口、通道口,必须有防护设施。

(9)严禁赤脚或穿高跟鞋、拖鞋进入施工现场,高空作业不准穿硬底和带钉易滑的鞋靴。

(10)施工现场的悬崖、陡坎等危险地区应设警戒标志,夜间要设红灯示警。

6.施工现场行走或上下的"十不准"

(1)不准从正在起吊、运吊中的物件下通过。

(2)不准从高处往下跳或奔跑作业。

(3)不准在没有防护的外墙和外壁板等建筑物上行走。

(4)不准站在小推车等不稳定的物体上操作。

(5)不得攀登起重臂、绳索、脚手架、井字架、龙门架和随同运料的吊盘及吊装物上下。

(6)不准进入挂有"禁止出入"或设有危险警示标志的区域、场所。

(7)不准在重要的运输通道或上下行走通道上逗留。

(8)未经允许不准私自进入非本单位作业区域或管理区域，尤其是存有易燃、易爆物品的场所。

(9)严禁在无照明设施、无足够采光条件的区域、场所内行走、逗留。

(10)不准无关人员进入施工现场。

7. 做到"十不盲目操作"

做到"十不盲目操作"，是防止违章和事故的基本操作要求。

(1)新工人未经三级安全教育，复工换岗人员未经安全岗位教育，不盲目操作。

(2)特殊工种人员、机械操作工未经专门安全培训，无有效安全上岗操作证，不盲目操作。

(3)施工环境和作业对象情况不清，施工前无安全措施或作业安全交底不清，不盲目操作。

(4)新技术、新工艺、新设备、新材料、新岗位无安全措施，未进行安全培训教育、交底，不盲目操作。

(5)安全帽和作业所必需的个人防护用品不落实，不盲目操作。

(6)脚手、吊篮、塔吊、井字架、龙门架、外用电梯、起重机械、电焊机、钢筋机械、木工平刨、圆盘锯、搅拌机、打桩机等设施设备和现浇混凝土模板支撑、搭设安装后，未经验收合格，不盲目操作。

(7)作业场所安全防护措施不落实，安全隐患不排除，威胁人身和国家财产安全时，不盲目操作。

(8)凡上级或管理干部违章指挥，有冒险作业情况时，不盲目操作。

(9)高处作业、带电作业、禁火区作业、易燃易爆作业、爆破性作业、有中毒或窒息危险的作业和科研实验等其他危险作业的,均应由上级指派,并经安全交底;未经指派批准、未经安全交底和无安全防护措施,不盲目操作。

(10)隐患未排除,有自己伤害自己、自己伤害他人、自己被他人伤害的不安全因素存在时,不盲目操作。

8."防止坠落和物体打击"的十项安全要求

(1)高处作业人员必须着装整齐,严禁穿硬塑料底等易滑鞋、高跟鞋,工具应随手放入工具袋中。

(2)高处作业人员严禁相互打闹,以免失足发生坠落事故。

(3)在进行攀登作业时,攀登用具结构必须牢固可靠,使用必须正确。

(4)各类手持机具使用前应检查,确保安全牢靠。洞口临边作业应防止物件坠落。

(5)施工人员应从规定的通道上下,不得攀爬脚手架、跨越阳台,不得在非规定通道进行攀登、行走。

(6)进行悬空作业时,应有牢靠的立足点并正确系挂安全带;现场应视具体情况配置防护栏网、栏杆或其他安全设施。

(7)高处作业时,所有物料应该堆放平稳,不可放置在临边或洞口附近,且不可妨碍通行。

(8)高处拆除作业时,对拆卸下的物料、建筑垃圾都要加以清理和及时运走,不得在走道上任意乱置或向下丢弃,保持作业走道畅通。

(9)高处作业时,不准往下或向上乱抛材料和工具等物件。

(10)各施工作业场所内,凡有坠落可能的任何物料,都应先行撤除或加以固定,拆卸作业要在设有禁区、有人监护的条件下进行。

🌑 9. 防止机械伤害的"一禁、二必须、三定、四不准"

（1）一禁。不懂电器和机械的人员严禁使用和摆弄机电设备。

（2）二必须。

①机电设备应完好，必须有可靠有效的安全防护装置。

②机电设备停电、停工休息时必须拉闸关机，按要求上锁。

（3）三定。

①机电设备应做到定人操作，定人保养、检查。

②机电设备应做到定机管理、定期保养。

③机电设备应做到定岗位和岗位职责。

（4）四不准。

①机电设备不准带病运转。

②机电设备不准超负荷运转。

③机电设备不准在运转时维修保养。

④机电设备运行时，操作人员不准将头、手、身伸入运转的机械行程范围内。

🌑 10. "防止车辆伤害"的十项安全要求

（1）未经劳动、公安交通部门培训合格的持证人员，不熟悉车辆性能者不得驾驶车辆。

（2）应坚持做好例保工作，车辆制动器、喇叭、转向系统、灯光等影响安全的部件如作用不良，不准出车。

（3）严禁翻斗车、自卸车的车厢乘人，严禁人货混装，车辆载货应不超载、超高、超宽，捆扎应牢固可靠，应防止车内物体失稳跌落伤人。

(4)乘坐车辆应坐在安全处,头、手、身不得露出车厢外,要避免车辆启动制动时跌倒。

(5)车辆进出施工现场,在场内掉头、倒车,在狭窄场地行驶时应有专人指挥。

(6)现场行车进场要减速,并做到"四慢",即道路情况不明要慢,线路不良要慢,起步、会车、停车要慢,在狭路、桥梁弯路、坡路、叉道、行人拥挤地点及出入大门时要慢。

(7)临近机动车道的作业区和脚手架等设施以及道路中的路障,应加设安全色标、安全标志和防护措施,并要确保夜间有充足的照明。

(8)装卸车作业时,若车辆停在坡道上,应在车轮两侧用楔形木块加以固定。

(9)人员在场内机动车道应避免右侧行走,并做到不平排结队有碍交通;避让车辆时,应不避让于两车交会之中,不站于旁有堆物无法退让的死角。

(10)机动车辆不得牵引无制动装置的车辆,牵引物体时物体上不得有人,人不得进入正在牵引的物与车之间,坡道上牵引时,车和被牵引物下方不得有人作业和停留。

11."防止触电伤害"的十项安全操作要求

根据安全用电"装得安全、拆得彻底、用得正确、修得及时"的基本要求,为防止触电伤害的操作要求有:

(1)非电工严禁拆接电气线路、插头、插座、电气设备、电灯等。

(2)使用电气设备前必须检查线路、插头、插座、漏电保护装置是否完好。

(3)电气线路或机具发生故障时,应找电工处理,非电工不得自行修理或排除故障。

（4）使用振捣器等手持电动机械和其他电动机械从事湿作业时，要由电工接好电源，安装上漏电保护器，操作者必须穿戴好绝缘鞋、绝缘手套后再进行作业。

（5）搬迁或移动电气设备必须先切断电源。

（6）搬运钢筋、钢管及其他金属物时，严禁触碰到电线。

（7）禁止在电线上挂晒物料。

（8）禁止使用照明器烘烤、取暖，禁止擅自使用电炉和其他电加热器。

（9）在架空输电线路附近工作时，应停止输电，不能停电时，应有隔离措施，要保持安全距离，防止触碰。

（10）电线必须架空，不得在地面、施工楼面随意乱拖，若必须通过地面、楼面时，应有过路保护，物料、车、人不准压踏碾磨电线。

12. 施工现场防火安全规定

（1）施工现场要有明显的防火宣传标志。

（2）施工现场必须设置临时消防车道。其宽度不得小于3.5m，并保证临时消防车道的畅通，禁止在临时消防车道上堆物、堆料或挤占临时消防车道。

（3）施工现场必须配备消防器材，做到布局合理。要害部位应配备不少于4具的灭火器，要有明显的防火标志，并经常检查、维护、保养，保证灭火器材灵敏有效。

（4）施工现场消火栓应布局合理，消防干管直径不小于100mm，消火栓处昼夜要设有明显标志，配备足够的水龙带，周围3m内不准存放物品。地下消火栓必须符合防火规范。

（5）高度超过24m的建筑工程，应安装临时消防竖管。管径不得小于75mm,每层设消火栓口,配备足够的水龙带。消防水要保证足够的水源和水压,严禁消防竖管作为施工用水管线。消防泵房应使用非燃材料建造,位置设置合理,便于操作,并设专人管理,保证消防供水。消防泵的专用配电线路应引自施工现场总断路器的上端,要保证连续不间断供电。

(6)电焊工、气焊工从事电气设备安装的电焊、气焊切割作业,要有操作证和用火证。用火前,要对易燃、可燃物采取清除、隔离等措施,配备看火人员和灭火器具,作业后必须确认无火源隐患后方可离去。用火证当日有效。用火地点变换,要重新办理用火证手续。

(7)氧气瓶、乙炔瓶工作间距不小于5m,两瓶与明火作业距离不小于10m。建筑工程内禁止氧气瓶、乙炔瓶存放,禁止使用液化石油气"钢瓶"。

(8)施工现场使用的电气设备必须符合防火要求。临时用电必须安装过载保护装置,电闸箱内不准使用易燃、可燃材料。严禁超负荷使用电气设备。

(9)施工材料的存放、使用应符合防火要求。库房应采用非燃材料支搭,易燃易爆物品应专库储存,分类单独存放,保持通风,用电符合防火规定。不准在工程内、库房内调配油漆、烯料。

(10)工程内部不准作为仓库使用,不准存放易燃、可燃材料,因施工需要进入工程内部的可燃材料,要根据工程计划限量进入并采取可靠的防火措施。废弃材料应及时消除。

(11)施工现场使用的安全网、密目式安全网、密目式防尘网、保温材料,必须符合消防安全规定,不得使用易燃、可燃材料。

(12)施工现场严禁吸烟,不得在建筑工程内部设置宿舍。

(13)施工现场和生活区,未经有关部门批准不得使用电热器具。严禁工程中明火保温施工及宿舍内明火取暖。

(14)从事油漆粉刷或防水等有毒及易燃危险作业时,要有具体的防火要求,必要时派专人看护。

(15)生活区的设置必须符合消防管理规定。严禁使用可燃材料搭设,宿舍内不得卧床吸烟,房间内住 20 人以上必须设置不少于 2 处的安全门,居住 100 人以上,要有消防安全通道及人员疏散预案。

(16)生活区的用电要符合防火规定。食堂使用的燃料必须符合使用规定,用火点和燃料不能在同一房间内,使用时要有专人管理,停火时将总开关关闭,经常检查有无泄漏。

三、高处作业安全知识

1. 高处作业的一般施工安全规定和技术措施

按照《高处作业分级》(GB/T 3608—2008)规定:凡在坠落高度基准面 2m 以上(含 2m)的可能坠落的高处所进行的作业,都称为高处作业。

在施工现场高处作业中,如果未防护、防护不好或作业不当都可能发生人或物的坠落。人从高处坠落的事故,称为高处坠落事故。物体从高处坠落砸着下面人的事故,称为物体打击事故。建筑施工中的高处作业主要包括临边、洞口、攀登、悬空、交叉作业等类型,这些是高处作业伤亡事故可能发生的主要地点。

高处作业时的安全措施有设置防护栏杆,孔洞加盖,安装安全防护门,满挂安全平立网,必要时设置安全防护棚等。

(1)施工前,应逐级进行安全技术教育及交底,落实所有安全技术措施和个人防护用品,未经落实时不得进行施工。

(2)高处作业中的安全标志、工具、仪表、电气设施和各种设备,必须在施工前加以检查,确认其完好,方能投入使用。

(3)悬空、攀登高处作业以及搭设高处安全设施的人员必须按照国家有关规定,经过专门的安全作业培训,并取得特种作业操作资格证书后,方可上岗作业。

(4)从事高处作业的人员必须定期进行身体检查,诊断患有心脏病、贫血、高血压、癫痫病、恐高症及其他不适宜高处作业的疾病时,不得从事高处作业。

(5)高处作业人员应头戴安全帽,身穿紧口工作服,脚穿防滑鞋,腰系安全带。

(6)高处作业场所有坠落可能的物体,应一律先行撤除或予以固定。所用物件均应堆放平稳,不妨碍通行和装卸。工具应随手放入工具袋,拆卸下的物件及余料和废料均应及时清理运走,清理时应采用传递或系绳提溜方式,禁止抛掷。

(7)遇有六级以上强风、浓雾和大雨等恶劣天气,不得进行露天悬空与攀登高处作业。台风暴雨后,应对高处作业安全设施逐一检查,发现有松动、变形、损坏或脱落、漏雨、漏电等现象,应立即修理完善或重新设置。

(8)所有安全防护设施和安全标志等,任何人都不得损坏或擅自移动和拆除。因作业必须临时拆除或变动安全防护设施、安全标志时,必须经有关施工负责人同意,并采取相应的可靠措施,作业完毕后立即恢复。

(9)施工中对高处作业的安全技术设施发现有缺陷和隐患时,必须立即报告,及时解决。危及人身安全时,必须立即停止作业。

2. 高处作业的基本安全技术措施

(1)凡是临边作业,都要在临边处设置防护栏杆,一般上杆离地面高度为 1.0～1.2m,下杆离地面高度为 0.5～0.6m;防护栏杆必须自上而下用安全网封闭,或在栏杆下边设置严密固定的高度不低于 18cm 的挡脚板或 40cm 的挡脚竹笆。

（2）对于洞口作业，可根据具体情况采取设防护栏杆、加盖板、张挂安全网与装栅门等措施。

（3）进行攀登作业时，作业人员要从规定的通道上下，不能在阳台之间等非规定通道进行攀登，也不得任意利用吊车车臂架等施工设备进行攀登。

（4）进行悬空作业时，要设有牢靠的作业立足处，并视具体情况设防护栏杆，搭设架手架、操作平台，使用马凳，张挂安全网或其他安全措施；作业所用索具、脚手板、吊篮、吊笼、平台等设备，均需经技术鉴定方能使用。

（5）进行交叉作业时，注意不得在上下同一垂直方向上操作，下层作业的位置必须处于依上层高度确定的可能坠落范围之外。不符合以上条件时，必须设置安全防护层。

（6）结构施工自二层起，凡人员进出的通道口（包括井架、施工电梯的进出口），均应搭设安全防护棚。高度超过 24m 时，防护棚应设双层。

（7）建筑施工进行高处作业之前，应进行安全防护设施的检查和验收。验收合格后，方可进行高处作业。

3. 高处作业安全防护用品使用常识

由于建筑行业的特殊性，高处作业中发生高处坠落、物体打击事故的比例最大。要避免伤亡事故，作业人员必须正确佩戴安全帽，调好帽箍，系好帽带；正确使用安全带，高挂低用；按规定架设安全网。

（1）安全帽。对人体头部受外力伤害（如物体打击）起防护作用的帽子。使用时要注意：

①选用经有关部门检验合格，其上有"安鉴"标志的安全帽。

②使用安全帽前先检查外壳是否破损,有无合格帽衬,帽带是否齐全,如果不符合要求则立即更换。

③调整好帽箍、帽衬(4～5cm),系好帽带。

(2)安全带。高处作业人员预防坠落伤亡的防护用品。使用时要注意:

①选用经有关部门检验合格的安全带,并保证在使用有效期内。

②安全带严禁打结、续接。

③使用中,要可靠地挂在牢固的地方,高挂低用,且要防止摆动,避免明火和刺割。

④2m 以上的悬空作业,必须使用安全带。

⑤在无法直接挂设安全带的地方,应设置挂安全带的安全拉绳、安全栏杆等。

(3)安全网。用来防止人、物坠落或用来避免、减轻坠落及物体打击伤害的网具。使用时要注意:

①要选用有合格证的安全网;在使用时,必须按规定到有关部门检测、检验合格,方可使用。

②安全网若有破损、老化,应及时更换。

③安全网与架体连接不宜绷得太紧,系结点要沿边分布均匀、绑牢。

④立网不得作为平网使用。

⑤立网必须选用密目式安全网。

四、脚手架作业安全技术常识

1.脚手架的作用及常用架型

脚手架的搭设、拆除作业属悬空、攀登高处作业,其作业人员必须按照国家有关规定经过专门的安全作业培训,并取得特种作业操作资格证书后,方可上岗作业。其他无资格证书的作业人员只能做一些辅助工作,严禁悬空、登高作业。

脚手架的主要作用是在高处作业时供堆料、短距离水平运输及作业人员在上面进行施工作业。高处作业的五种基本类型的安全隐患在脚手架上作业中都会发生。

脚手架应满足以下基本要求:

(1)要有足够的牢固性和稳定性,保证施工期间在所规定的荷载和气候条件下,不产生变形、倾斜和摇晃。

(2)要有足够的使用面积,满足堆料、运输、操作和行走的要求。

(3)构造要简单,搭设、拆除和搬运要方便。

常用脚手架有扣件式钢管脚手架、门型钢管脚手架、碗扣式钢管架等。此外还有附着升降脚手架、吊篮式脚手架、挂式脚手架等。

2.脚手架作业一般安全技术常识

(1)每项脚手架工程都要有经批准的施工方案并严格按照此方案搭设和拆除,作业前必须组织全体作业人员熟悉施工和作业要求,进行安全技术交底。班组长要带领作业人员对施工作业环境及所需工具、安全防护设施等进行检查,消除隐患后方可作业。

(2)脚手架要结合工程进度搭设,结构施工时脚手架要始终高出作业面一步架,但不宜一次搭得过高。未完成的脚手架,作业人员离开作业岗位(休息或下班)时,不得留有未固定的构件,并应保证架子稳定。

脚手架要经验收签字后方可使用。分段搭设时应分段验收。在使用过程中要定期检查,较长时间停用、台风或暴雨过后使用前要进行检查加固。

(3)落地式脚手架基础必须坚实,若是回填土,必须平整夯实,并做好排水措施,以防止地基沉陷引起架子沉降、变形、倒塌。当基础不能满足要求时,可采取挑、吊、撑等技术措施,将荷载分段卸到建筑物上。

(4)设计搭设高度较小(15m 以下)时,可采用抛撑;当设计高度较大时,采用既抗拉又抗压的连墙点(根据规范用柔性或刚性连墙点)。

(5)施工作业层的脚手板要满铺、牢固,离墙间隙不大于15cm,并不得出现探头板;在架子外侧四周设 1.2m 高的防护栏杆及 18cm 的挡脚板,且在作业层下装设安全平网;架体外排立杆内侧挂设密目式安全立网。

(6)脚手架出入口须设置规范的通道口防护棚;外侧临街或高层建筑脚手架,其外侧应设置双层安全防护棚。

(7)架子使用中,通常架上的均布荷载,不应超过规范规定。人员、材料不要太集中。

(8)在防雷保护范围之外,应按规定安装防雷保护装置。

(9)脚手架拆除时,应设警戒区和醒目标志,有专人负责警戒;架体上的材料、杂物等应消除干净;架体若有松动或危险的部位,应予以先行加固,再进行拆除。

(10)拆除顺序应遵循"自上而下,后装的构件先拆,先装的后拆,一步一清"的原则,依次进行。不得上下同时拆除作业,严禁用踏步式、分段、分立面拆除法。

(11)拆下来的杆件、脚手板、安全网等应用运输设备运至地面,严禁从高处向下抛掷。

五、施工现场临时用电安全知识

1. 现场临时用电安全基本原则

(1)建筑施工现场的电工、电焊工属于特种作业工种,必须按国家有关规定经专门安全作业培训,取得特种作业操作资格证书,方可上岗作业。其他人员不得从事电气设备及电气线路的安装、维修和拆除。

(2)建筑施工现场必须采用 TN-S 接零保护系统,即具有专用保护零线(PE 线)、电源中性点直接接地的 220/380V 三相五线制系统。

(3)建筑施工现场必须按"三级配电二级保护"设置。

(4)施工现场的用电设备必须实行"一机、一闸、一漏、一箱"制,即每台用电设备必须有自己专用的开关箱,专用开关箱内必须设置独立的隔离开关和漏电保护器。

(5)严禁在高压线下方搭设临建、堆放材料和进行施工作业;在高压线一侧作业时,必须保持至少 6m 的水平距离,达不到上述距离时,必须采取隔离防护措施。

(6)在宿舍工棚、仓库、办公室内,严禁使用电饭煲、电水壶、电炉、电热杯等较大功率电器。如需使用,应由项目部安排专业电工在指定地点安装,可使用较高功率电器的电气线路和控制器。严禁使用不符合安全要求的电炉、电热棒等。

(7)严禁在宿舍内乱拉、乱接电源,非专职电工不准乱接或更换熔丝,不准以其他金属丝代替熔丝(保险丝)。

(8)严禁在电线上晾衣服和挂其他东西等。

(9)搬运较长的金属物体,如钢筋、钢管等材料时,应注意不要碰触到电线。

(10)在临近输电线路的建筑物上作业时,不能随便往下扔金属类杂物;更不能触摸、拉动电线或与电线接触的钢丝和电杆的拉线。

(11)移动金属梯子和操作平台时,要观察高处输电线路与移动物体的距离,确认有足够的安全距离,再进行作业。

(12)在地面或楼面上运送材料时,不要踏在电线上;停放手推车,堆放钢模板、跳板、钢筋时,不要压在电线上。

(13)移动有电源线的机械设备,如电焊机、水泵、小型木工机械等,必须先切断电源,不能带电搬动。

(14)当发现电线坠地或设备漏电时,切不可随意跑动和触摸金属物体,并应保持 10m 以上距离。

2. 安全电压

安全电压是为防止触电事故而采用的 50V 以下特定电源供电的电压系列,分为 42V、36V、24V、12V 和 6V 五个等级,根据不同的作业条件,选用不同的安全电压等级。建筑施工现场常用的安全电压有 12V、24V、36V。

以下特殊场所必须采用安全电压照明供电:

(1)室内灯具离地面低于 2.4m,手持照明灯具、一般潮湿作业场所(地下室、潮湿室内、潮湿楼梯、隧道、人防工程以及有高温、导电灰尘等)的照明,电源电压应不大于 36V。

(2)潮湿和易触及带电体场所的照明电源电压,应不大于 24V。

(3)在特别潮湿的场所、锅炉或金属容器内、导电良好的地面使用手持照明灯具等,照明电源电压不得大于 12V。

3. 电线的相色

(1)正确识别电线的相色。

电源线路可分为工作相线(火线)、专用工作零线和专用保护零线。一般情况下,工作相线(火线)带电危险,专用工作零线和专用保护零线不带电(但在不正常情况下,工作零线也可以带电)。

(2)相色规定。

一般相线(火线)分为 A、B、C 三相,分别为黄色、绿色、红色;工作零线为黑色;专用保护零线为黄绿双色线。

严禁用黄绿双色、黑色、蓝色线充当相线,也严禁用黄色、绿色、红色线作为工作零线和保护零线。

4.插座的使用

要正确使用与安装插座。

(1)插座分类。

常用的插座分为单相双孔、单相三孔和三相三孔、三相四孔等。

(2)选用与安装接线。

①三孔插座应选用"品字形"结构,不应选用等边三角形排列的结构,因为后者容易发生三孔互换,造成触电事故。

②插座在电箱中安装时,必须首先固定安装在安装板上,接地极与箱体一起作可靠的 PE 保护。

③三孔或四孔插座的接地孔(较粗的一个孔),必须置于顶部位置,不可倒置,两孔插座应水平并列安装,不准垂直并列安装。

④插座接线要求:对于两孔插座,左孔接零线,右孔接相线;对于三孔插座,左孔接零线,右孔接相线,上孔接保护零线;对于四孔插座,上孔接保护零线,其他三孔分别接 A、B、C 三根相线。

5."用电示警"标志

正确识别"用电示警"标志或标牌,不得随意靠近、随意损坏和挪动标牌(表3-1)。进入施工现场的每个人都必须认真遵守用电管理规定,见到用电示警标志或标牌时,不得随意靠近,更不准随意损坏、挪动标牌。

表3-1　　　　　　　　用电示警标志分类和使用

分类 \ 使用	颜色	使用场所
常用电力标志	红色	配电房、发电机房、变压器等重要场所
高压示警标志	字体为黑色,箭头和边框为红色	需高压示警场所
配电房示警标志	字体为红色,边框为黑色(或字与边框交换颜色)	配电房或发电机房
维护检修示警标志	底为红色,字为白色(或字为红色,底为白色,边框为黑色)	维护检修时相关场所
其他用电示警标志	箭头为红色,边框为黑色,字为红色或黑色	其他一般用电场所

6.电气线路的安全技术措施

(1)施工现场电气线路全部采用"三相五线制"(TN-S 系统)专用保护接零(PE 线)系统供电。

(2)施工现场架空线采用绝缘铜线。

(3)架空线设在专用电杆上,严禁架设在树木、脚手架上。

(4)导线与地面保持足够的安全距离。

导线与地面最小垂直距离:施工现场应不小于 4m;机动车道应不小于 6m;铁路轨道应不小于 7.5m。

(5)无法保证规定的电气安全距离时,必须采取防护措施。

如果由于在建工程位置限制而无法保证规定的电气安全距离,必须采取设置防护性遮拦、栅栏,悬挂警告标志牌等防护措施,发生高压线断线落地时,非检修人员要远离落地处 10m 以外,以防跨步电压危害。

(6)为了防止设备外壳带电发生触电事故,设备应采用保护接零,并安装漏电保护器等措施。作业人员要经常检查保护零线连接是否牢固可靠,漏电保护器是否有效。

(7)在电箱等用电危险地方,挂设安全警示牌。如"有电危险""禁止合闸,有人工作"等。

7. 照明用电的安全技术措施

施工现场临时照明用电的安全要求如下:

(1)临时照明线路必须使用绝缘导线。户内(工棚)临时线路的导线必须安装在离地 2m 以上的支架上;户外临时线路必须安装在离地 2.5m 以上的支架上,零星照明线不允许使用花线,一般应使用软电缆线。

(2)建设工程的照明灯具宜采用拉线开关。拉线开关距地面高度为 2~3m,与出口、入口的水平距离为 0.15~0.2m。

(3)严禁在床头设立开关和插座。

(4)电器、灯具的相线必须经过开关控制。

不得将相线直接引入灯具,也不允许以电气插头代替开关来分合电路,室外灯具距地面不得低于 3m;室内灯具不得低于 2.4m。

(5)使用手持照明灯具(行灯)应符合一定的要求:

①电源电压不超过 36V。

②灯体与手柄应坚固,绝缘良好,并耐热防潮湿。

③灯头与灯体结合牢固。

④灯泡外部要有金属保护网。

⑤金属网、反光罩、悬吊挂钩应固定在灯具的绝缘部位上。

(6)照明系统中每一单相回路上,灯具和插座数量不宜超过25 个,并应装设熔断电流为 15A 以下的熔断保护器。

8.配电箱与开关箱的安全技术措施

施工现场临时用电一般采用三级配电方式,即总配电箱(或配电室),下设分配电箱,再以下设开关箱,开关箱以下就是用电设备。

配电箱和开关箱的使用安全要求如下:

(1)配电箱、开关箱的箱体材料,一般应选用钢板,亦可选用绝缘板,但不宜选用木质材料。

(2)配电箱、开关箱应安装端正、牢固,不得倒置、歪斜。

固定式配电箱、开关箱的下底与地面垂直距离应大于或等于 1.3m 且小于或等于 1.5m;移动式配电箱、开关箱的下底与地面的垂直距离应大于或等于 0.6m 且小于或等于 1.5m。

(3)进入开关箱的电源线,严禁用插销连接。

(4)电箱之间的距离不宜太远。

配电箱与开关箱的距离不得超过 30m。开关箱与固定式用电设备的水平距离不宜超过 3m。

(5)每台用电设备应有各自专用的开关箱,且必须满足"一机、一闸、一漏、一箱"的要求,严禁用同一个开关电器直接控制两台及两台以上用电设备(含插座)。

开关箱中必须设漏电保护器,其额定漏电动作电流应不大于 30mA,漏电动作时间应不大于 0.1s。

(6)所有配电箱门应配锁,不得在配电箱和开关箱内挂接或插接其他临时用电设备,开关箱内严禁放置杂物。

(7)配电箱、开关箱的接线应由电工操作,非电工人员不得乱接。

9. 配电箱和开关箱的使用要求

(1)在停电、送电时,配电箱、开关箱之间应遵守合理的操作顺序。

送电操作顺序:总配电箱→分配电箱→开关箱。

断电操作顺序:开关箱→分配电箱→总配电箱。

正常情况下,停电时首先分断自动开关,然后分断隔离开关;送电时先合隔离开关,后合自动开关。

(2)使用配电箱、开关箱时,操作者应接受岗前培训,熟悉所使用设备的电气性能和掌握有关开关的正确操作方法。

(3)及时检查、维修,更换熔断器的熔丝必须用原规格的熔丝,严禁用铜线、铁线代替。

(4)配电箱的工作环境应经常保持设置时的要求,不得在其周围堆放任何杂物,保持必要的操作空间和通道。

(5)维修机器停电作业时,要与电源负责人联系停电,要悬挂警示标志,卸下保险丝,锁上开关箱。

10. 手持电动机具的安全使用要求

(1)一般场所应选用Ⅰ类手持式电动工具,并应装设额定漏电动作电流不大于 15mA、额定漏电动作时间小于 0.1s 的漏电保护器。

(2)在露天、潮湿场所或金属构架上操作时,必须选用Ⅱ类手持式电动工具,并装设漏电保护器,严禁使用Ⅰ类手持式电动工具。

(3)负荷线必须采用耐用的橡皮护套铜芯软电缆。

单相用三芯(其中一芯为保护零线)电缆;三相用四芯(其中一芯为保护零线)电缆;电缆不得有破损或老化现象,中间不得有接头。

(4)手持电动工具应配备装有专用的电源开关和漏电保护器的开关箱,严禁一台开关接两台以上设备,其电源开关应采用双刀控制。

(5)手持电动工具开关箱内应采用插座连接,其插头、插座应无损坏、无裂纹,且绝缘良好。

(6)使用手持电动工具前,必须检查外壳、手柄、负荷线、插头等是否完好无损,接线是否正确(防止相线与零线错接);发现工具外壳、手柄破裂,应立即停止使用并进行更换。

(7)非专职人员不得擅自拆卸和修理工具。

(8)作业人员使用手持电动工具时,应穿绝缘鞋,戴绝缘手套,操作时握其手柄,不得利用电缆提拉。

(9)长期搁置不用或受潮的工具在使用前应由电工测量绝缘阻值是否符合要求。

11. 触电事故及原因分析

(1)缺乏电气安全知识,自我保护意识淡薄。

电气设施安装或接线不是由专业电工操作,而是由非专业人员安装。安装人又无基本的电气安全知识,装设不符合电气基本要求,造成意外的触电事故。发生这种触电事故的原因都是缺乏电气安全知识,无自我保护意识。

(2)违反安全操作规程。

施工现场中,有人图方便,不用插头,在电箱乱拉乱接电线。还有人在宿舍私自拉接电线照明,在床上接音响设备、电风扇,有的甚至烧水、做饭等,极易造成触电事故。也有人凭经验用手去试探电器是否带电或不采取安全措施带电作业,或带着侥幸心理,在带电体(如高压线)周围,不采取任何安全措施,违章作业,造成触电事故等。

(3)不使用"TN-S"接零保护系统。

有的工地未使用"TN-S"接零保护系统,或者未按要求连接专用保护接零线,无有效地安全保护系统。不按"三级配电二级保护""一机、一闸、一漏、一箱"设置,造成工地用电使用混乱,易造成误操作,并且在触电时,使得安全保护系统未起可靠的安全保护效果。

(4)电气设备安装不合格。

电气设备安装必须遵守安全技术规定,否则由于安装错误,当人身接触带电部分时,就会造成触电事故。如电线高度不符合安全要求,太低,架空线乱拉、乱扯,有的还将电线拴在脚手架上,导线的接头只用老化的绝缘布包上,以及电气设备没有做保护接地、保护接零等,一旦漏电就会发生严重触电事故。

(5)电气设备缺乏正常检修和维护。

由于电气设备长期使用,易出现电气绝缘老化、导线裸露、胶盖刀闸胶木破损、插座盖子损坏等。如不及时检修,一旦漏电,将造成严重后果。

(6)偶然因素。

电力线被风刮断,导线接触地面引起跨步电压,当人走近该地区时就会发生触电事故。

六、起重吊装机械安全操作常识

1. 基本要求

塔式起重机、施工电梯、物料提升机等施工起重机械的操作

（也称为司机）、指挥、司索等作业人员属特种作业，必须按国家有关规定经专门安全作业培训，取得特种作业操作资格证书，方可上岗作业。

施工起重机械（也称垂直运输设备）必须由有相应的制造（生产）许可证的企业生产，并有出厂合格证。其安装、拆除、加高及附墙施工作业，必须由有相应作业资格的队伍作业，作业人员必须按国家有关规定经专门安全作业培训，取得特种作业操作资格证书，方可上岗作业。其他非专业人员不得上岗作业。安装、拆卸、加高及附墙施工作业前，必须有经审批、审查的施工方案，并进行方案及安全技术交底。

2. 塔式起重机使用安全常识

（1）起重机"十不吊"。

①起重臂和吊起的重物下面有人停留或行走不准吊。

②起重指挥应由技术培训合格的专职人员担任，无指挥或信号不清不准吊。

③钢筋、型钢、管材等细长和多根物件必须捆扎牢靠，多点起吊。单头"千斤"或捆扎不牢靠不准吊。

④多孔板、积灰斗、手推翻斗车不用四点吊或大模板外挂板不用卸甲不准吊。预制钢筋混凝土楼板不准双拼吊。

⑤吊砌块必须使用安全可靠的砌块夹具，吊砖必须使用砖笼，并堆放整齐。木砖、预埋件等零星物件要用盛器堆放稳妥，叠放不齐不准吊。

⑥楼板、大梁等吊物上站人不准吊。

⑦埋入地下的板桩、井点管等以及粘连、附着的物件不准吊。

⑧多机作业，应保证所吊重物距离不小于 3m，在同一轨道

上多机作业,无安全措施不准吊。

⑨六级以上强风不准吊。

⑩斜拉重物或超过机械允许荷载不准吊。

(2)塔式起重机吊运作业区域内严禁无关人员入内,起吊物下方不准站人。

(3)司机(操作)、指挥、司索等工种应按有关要求配备,其他人员不得作业。

(4)六级以上强风不准吊运物件。

(5)作业人员必须听从指挥人员的指挥,吊物起吊前作业人员应撤离。

(6)吊物的捆绑要求。

①吊运物件时,应清楚重量,吊运点及绑扎应牢固可靠。

②吊运散件物时,应用铁制合格料斗,料斗上应设有专用的牢固的吊装点;料斗内装物高度不得超过料斗上口边,散粒状的轻浮易撒物盛装高度应低于上口边线 10cm。

③吊运长条状物品(如钢筋、长条状木方等),所吊物件应在物品上选择两个均匀、平衡的吊点,绑扎牢固。

④吊运有棱角、锐边的物品时,钢丝绳绑扎处应做好防护措施。

3. 施工电梯使用安全常识

施工电梯也称外用电梯,也有称为(人、货两用)施工升降机,是施工现场垂直运输人员和材料的主要机械设备。

(1)施工电梯投入使用前,应在首层搭设出入口防护棚,防护棚应符合有关高处作业规范。

(2)电梯在大雨、大雾、六级以上大风以及导轨架、电缆等结冰时,必须停止使用,并将梯笼降到底层,切断电源。暴风雨后,应对电梯各安全装置进行一次检查,确认正常,方可使用。

(3)电梯底笼周围2.5m范围,应设置防护栏杆。

(4)电梯各出料口运输平台应平整牢固,还应安装牢固可靠的栏杆和安全门,使用时安全门应保持关闭。

(5)电梯使用应有明确的联络信号,禁止用敲打、呼叫等方式联络。

(6)乘坐电梯时,应先关好安全门,再关好梯笼门,方可启动电梯。

(7)梯笼内乘人或载物时,应使载荷均匀分布,不得偏重;严禁超载运行。

(8)等候电梯时,应站在建筑物内,不得聚集在通道平台上,也不得将头手伸出栏杆和安全门外。

(9)电梯每班首次载重运行时,当梯笼升离地面1~2m时,应停机试验制动器的可靠性;当发现制动效果不良时,应调整或修复后方可投入使用。

(10)操作人员应根据指挥信号操作。作业前应鸣声示意。在电梯未切断总电源开关前,操作人员不得离开操作岗位。

(11)施工电梯发生故障的处理。

①当运行中发现异常情况时,应立即停机并采取有效措施,将梯笼降到底层,排除故障后方可继续运行。

②在运行中发现电梯失控时,应立即按下急停按钮;在未排除故障前,不得打开急停按钮。

③在运行中发现制动器失灵时,可将梯笼开至底层维修;或者让其下滑防坠安全器制动。

④在运行中发现故障时,不要惊慌,电梯的安全装置将提供可靠的保护;应听从专业人员的安排,或等待修复,或听从专业人员的指挥撤离。

（12）作业后，应将梯笼降到底层，各控制开关拨到零位，切断电源，锁好开关箱，闭锁梯笼门和围护门。

4. 物料提升机使用安全常识

物料提升机有龙门架、井字架式的，也有的称为（货用）施工升降机，是施工现场物料垂直运输的主要机械设备。

（1）物料提升机用于运载物料，严禁载人上下；装卸料人员、维修人员必须在安全装置可靠或采取了可靠的措施后，方可进入吊笼内作业。

（2）物料提升机进料口必须加装安全防护门，并按高处作业规范搭设防护棚，并设安全通道，防止从棚外进入架体中。

（3）物料提升机在运行时，严禁对设备进行保养、维修，任何人不得攀登架体或从架体内穿过。

（4）运载物料的要求。

①运送散料时，应使用料斗装载，并放置平稳；使用手推斗车装置于吊笼时，必须将手推斗车平稳并制动放置，注意车把手及车不能伸出吊笼。

②运送长料时，物料不得超出吊笼；物料立放时，应捆绑牢固。

③物料装载时，应均匀分布，不得偏重，严禁超载运行。

（5）物料提升机的架体应有附墙或缆风绳，并应牢固可靠，符合说明书和规范的要求。

（6）物料提升机的架体外侧应用小网眼安全网封闭，防止物料在运行时坠落。

（7）禁止在物料提升机架体上进行焊接、切割或者钻孔等作业，防止损伤架体的任何构件。

（8）出料口平台应牢固可靠，并应安装防护栏杆和安全门。

运行时安全门应保持关闭。

(9)吊笼上应有安全门,防止物料坠落;并且安全门应与安全停靠装置联锁。安全停靠装置应灵敏可靠。

(10)楼层安全防护门应有电气或机械锁装置,在安全门未可靠关闭时,禁止吊笼运行。

(11)作业人员等待吊笼时,应在建筑物内或者平台内距安全门 1m 以外处等待。严禁将头、手伸出栏杆或安全门。

(12)进出料口应安装明确的联络信号,高架提升机还应有可视系统。

5. 起重吊装作业安全常识

起重吊装是指建筑工程中,采用相应的机械设备和设施来完成结构吊装和设施安装,属于危险作业,作业环境复杂,技术难度大。

(1)作业前应根据作业特点编制专项施工方案,并对参加作业人员进行方案和安全技术交底。

(2)作业时周边应设置警戒区域,设置醒目的警示标志,防止无关人员进入;特别危险处应设监护人员。

(3)起重吊装作业大多数作业点都必须由专业技术人员作业;属于特种作业的人员必须按国家有关规定经专门安全作业培训,取得特种作业操作资格证书,方可上岗作业。

(4)作业人员应根据现场作业条件选择安全的位置作业。在卷扬机与地滑轮穿越钢丝绳的区域,禁止人员站立和通行。

(5)吊装过程必须设有专人指挥,其他人员必须服从指挥。起重指挥不能兼作其他工种,并应确保起重司机清晰准确地听到指挥信号。

(6)作业过程必须遵守起重机"十不吊"原则。

(7)被吊物的捆绑要求,按塔式起重机被吊物捆绑作业要求。

(8)构件存放场地应该平整坚实。构件叠放用方木垫平,必须稳固,不准超高(一般不宜超过 1.6m)。构件存放除设置垫木外,必要时要设置相应的支撑,提高其稳定性。禁止无关人员在堆放的构件中穿行,防止发生构件倒塌挤人事故。

(9)在露天遇六级以上大风或大雨、大雪、大雾等天气时,应停止起重吊装作业。

(10)起重机作业时,起重臂和吊物下方严禁有人停留、工作或通过。重物吊运时,严禁人从上方通过。严禁用起重机载运人员。

(11)经常使用的起重工具注意事项。

①手动倒链:操作人员应经培训合格后方可上岗作业,吊物时应挂牢后慢慢拉动倒链,不得斜向拽拉。当一人拉不动时,应查明原因,禁止多人一齐猛拉。

②手搬葫芦:操作人员应经培训合格后方可上岗作业,使用前检查自锁夹钳装置的可靠性,当夹紧钢丝绳后,应能往复运动,否则禁止使用。

③千斤顶:操作人员应经培训合格后方可上岗作业,千斤顶置于平整坚实的地面上,并垫木板或钢板,防止地面沉陷。顶部与光滑物接触面应垫硬木,防止滑动。开始操作应逐渐顶升,注意防止顶歪,始终保持重物的平衡。

七、中小型施工机械安全操作常识

◗ 1. 基本安全操作要求

施工机械的使用必须按"定人、定机"制度执行。操作人员必须经培训合格,方可上岗作业,其他人员不得擅自使用。机械使用前,必须对机械设备进行检查,各部位确认完好无损,并空载试运行,符合安全技术要求,方可使用。

施工现场机械设备必须按其控制的要求,配备符合规定的控制设备,严禁使用倒顺开关。在使用机械设备时,必须严格按照安全操作规程,严禁违章作业;发现有故障、有异常响动、温度异常升高时,都必须立即停机,经过专业人员维修,并检验合格后,方可重新投入使用。

操作人员应做到"调整、紧固、润滑、清洁、防腐"十字作业的要求,按有关要求对机械设备进行保养。操作人员在作业时,不得擅自离开工作岗位。下班时,应先将机械停止运行,然后断开电源,锁好电箱,方可离开。

2. 混凝土(砂浆)搅拌机安全操作要求

(1)搅拌机的安装一定要平稳、牢固。长期固定使用时,应埋置地脚螺栓;短期使用时,应在机座上铺设木枕或撑架找平,牢固放置。

(2)料斗提升时,严禁在料斗下工作或穿行。清理料斗坑时,必须先切断电源,锁好电箱,并将料斗双保险钩挂牢或插上保险插销。

(3)运转时,严禁将头或手伸入料斗与机架之间查看,不得用工具或物件伸入搅拌筒内。

(4)运转中严禁保养维修。维修保养搅拌机,必须拉闸断电,锁好电箱,挂好"有人工作,严禁合闸"牌,并有专人监护。

3. 混凝土振动器安全操作要求

常用的混凝土振动器有插入式和平板式。

(1)振动器应安装漏电保护装置,保护接零应牢固可靠。作业时操作人员应穿戴绝缘胶鞋和绝缘手套。

(2)使用前,应检查各部位无损伤,并确认连接牢固,旋转方向正确。

(3)电缆线应满足操作所需的长度。严禁用电缆线拖拉或吊挂振动器。振动器不得在初凝的混凝土、地板、脚手架和干硬的地面上进行试振。在检修或作业间断时,应断开电源。

(4)作业时,振动棒软管的弯曲半径不得小于 500mm,并不得多于两个弯,操作时应将振动棒垂直地沉入混凝土,不得用力硬插、斜推或让钢筋夹住棒头,也不得全部插入混凝土中,插入深度不应超过棒长的 3/4,不宜触及钢筋、芯管及预埋件。

(5)作业停止需移动振动器时,应先关闭电动机,再切断电源。不得用软管拖拉电动机。

(6)平板式振动器工作时,应使平板与混凝土保持接触,待表面出浆,不再下沉后,即可缓慢移动;运转时,不得搁置在已凝或初凝的混凝土上。

(7)移动平板式振动器应使用干燥绝缘的拉绳,不得用脚踢电动机。

4. 钢筋切断机安全操作要求

(1)机械未达到正常转速时,不得切料。切料时,应使用切刀的中、下部位,紧握钢筋对准刃口迅速投入,操作者应站在固定刀片一侧用力压住钢筋,应防止钢筋末端弹出伤人。严禁用两手在刀片两边握住钢筋俯身送料。

(2)不得剪切直径及强度超过机械铭牌规定的钢筋和烧红的钢筋。一次切断多根钢筋时,其总截面积应在规定范围内。

(3)切断短料时,手和切刀之间的距离应保持在 150mm 以上,如手握端小于 400mm 时,应采用套管或夹具将钢筋短头压住或夹牢。

(4)运转中严禁用手直接清除切刀附近的断头和杂物。钢筋摆动周围和切刀周围,不得停留非操作人员。

5. 钢筋弯曲机安全操作要求

(1)应按加工钢筋的直径和弯曲半径的要求,装好相应规格的芯轴和成型轴、挡铁轴。芯轴直径应为钢筋直径的 2.5 倍。挡铁轴应有轴套,挡铁轴的直径和强度不得小于被弯钢筋的直径和强度。

(2)作业时,应将钢筋需弯曲一端插入转盘固定销的间隙内,另一端紧靠机身固定销,并用手压紧;应检查机身固定销并确认安放在挡住钢筋的一侧,方可开动。

(3)作业中,严禁更换轴芯、销子和变换角度以及调整,也不得进行清扫和加油。

(4)对超过机械铭牌规定直径的钢筋严禁进行弯曲。不直的钢筋不得在弯曲机上弯曲。

(5)在弯曲钢筋的作业半径内和机身不设固定销的一侧严禁站人。

(6)转盘换向时,应待停稳后进行。

(7)作业后,应及时清除转盘及插入座孔内的铁锈、杂物等。

6. 钢筋调直切断机安全操作要求

(1)应按调直钢筋的直径,选用适当的调直块及传动速度。调直块的孔径应比钢筋直径大 2～5mm,传动速度应根据钢筋直径选用,直径大的宜选用慢速,经调试合格,方可作业。

(2)在调直块未固定、防护罩未盖好前不得送料。作业中严禁打开各部防护罩并调整间隙。

(3)当钢筋送入后,手与轮应保持一定的距离,不得接近。

(4)送料前应将不直的钢筋端头切除。导向筒前应安装一根 1m 长的钢管,钢筋应穿过钢管再送入调直机前端的导孔内。

7. 钢筋冷拉安全操作要求

(1)卷扬机的位置应使操作人员能见到全部的冷拉场地,卷扬机与冷拉中线的距离不得少于 5m。

(2)冷拉场地应在两端地锚外侧设置警戒区,并应安装防护栏及醒目的警示标志。严禁非作业人员在此停留。操作人员在作业时必须离开钢筋 2m 以外。

(3)卷扬机操作人员必须看到指挥人员发出的信号,并待所有的人员离开危险区后方可作业。冷拉应缓慢、均匀。当有停车信号或有人进入危险区时,应立即停拉,并稍稍放松卷扬机钢丝绳。

(4)夜间作业的照明设施,应装设在张拉危险区外。当需要装设在场地上空时,其高度应超过 5m。灯泡应加防护罩。

8. 圆盘锯安全操作要求

(1)锯片必须平整,锯齿尖锐,不得连续缺齿 2 个,裂纹长度不得超过 20mm。

(2)被锯木料厚度,以锯片能露出木料 10～20mm 为限。

(3)启动后,必须等待转速正常后,方可进行锯料。

(4)关料时,不得将木料左右晃动或者高抬,遇木节要慢送料。锯料长度不小于 500mm。接近端头时,应用推棍送料。

(5)若锯线走偏,应逐渐纠正,不得猛扳。

(6)操作人员不应站在锯片同一直线上操作。手臂不得跨越锯片工作。

9.蛙式夯实机安全操作要求

(1)夯实作业时,应一人扶夯,一人传递电缆线,且必须戴绝缘手套和穿绝缘鞋。电缆线不得扭结或缠绕,且不得张拉过紧,应保持 3~4m 的余量。移动时,应将电缆线移至夯机后方,不得隔机扔电缆线,当转向困难时,应停机调整。

(2)作业时,手握扶手应保持机身平衡,不得用力向后压,并应随时调整行进方向。转弯时不宜用力过猛,不得急转弯。

(3)夯实填高土方时,应在边缘以内 100~150mm 夯实 2~3 遍后,再夯实边缘。

(4)在较大基坑作业时,不得在斜坡上夯行,应避免造成夯头后折。

(5)夯实房心土时,夯板应避开房心地下构筑物、钢筋混凝土基桩、机座及地下管道等。

(6)在建筑物内部作业时,夯板或偏心块不得打在墙壁上。

(7)多机作业时,机平列间距不得小于 5m,前后间距不得小于 10m。

(8)夯机前进方向和夯机四周 1m 范围内,不得站立非操作人员。

10.振动冲击夯安全操作要求

(1)内燃冲击夯启动后,内燃机应慢速运转 3~5min,然后逐渐加大油门,待夯机跳动稳定后,方可作业。

(2)电动冲击夯在接通电源启动后,应检查电动机旋转方向,有错误时应倒换相联系线。

（3）作业时应正确掌握夯机，不得倾斜，手把不宜握得过紧，能控制夯机前进速度即可。

（4）正常作业时，不得使劲往下压手把，以免影响夯机跳起高度。在较松的填料上作业或上坡时，可将手把稍向下压，增加夯机前进速度。

（5）电动冲击夯操作人员必须戴绝缘手套，穿绝缘鞋。作业时，电缆线不应拉得过紧，应经常检查线头安装，不得松动及引起漏电。严禁冒雨作业。

11. 潜水泵安全操作要求

（1）潜水泵宜先装在坚固的篮筐里再放入水中，亦可在水中将泵的四周设立坚固的防护围网。泵应直立于水中，水深不得小于 0.5m，不得在含有泥沙的水中使用。

（2）潜水泵放入水中或提出水面时，应先切断电源，严禁拉拽电缆或出水管。

（3）潜水泵应装设保护接零和漏电保护装置，工作时泵周围 30m 以内水面，不得有人、畜进入。

（4）应经常观察水位变化，叶轮中心至水平距离应在 0.5～3.0m 之间，泵体不得陷入污泥或露出水面。电缆不得与井壁、池壁相擦。

（5）每周应测定一次电动机定子绕组的绝缘电阻，其值应无下降。

12. 交流电焊机安全操作要求

（1）外壳必须有保护接零，应有二次空载降压保护器和触电保护器。

（2）电源应使用自动开关，接线板应无损坏，有防护罩。一次线长度不超过 5m,二次线长度不得超过 30m。

(3)焊接现场 10m 范围内,不得有易燃、易爆物品。

(4)雨天不得室外作业。在潮湿地点焊接时,要站在胶板或其他绝缘材料上。

(5)移动电焊机时,应切断电源,不得用拖拉电缆的方法移动。当焊接中突然停电时,应立即切断电源。

13. 气焊设备安全操作要求

(1)氧气瓶与乙炔瓶使用时的间距不得小于 5m,存放时的间距不得小于 3m,并且距高温、明火等不得小于 10m;达不到上述要求时,应采取隔离措施。

(2)乙炔瓶存放和使用必须立放,严禁倒放。

(3)在移动气瓶时,应使用专门的抬架或小推车;严禁氧气瓶与乙炔瓶混合搬运;禁止直接使用钢丝绳、链条捆绑搬运。

(4)开关气瓶应使用专用工具。

(5)严禁敲击、碰撞气瓶,作业人员工作时不得吸烟。

第4部分　相关法律法规及务工常识

一、相关法律法规(摘录)

📣 1. 中华人民共和国建筑法(摘录)

第三十六条　建筑工程安全生产管理必须坚持安全第一、预防为主的方针,建立健全安全生产的责任制度和群防群治制度。

第四十四条　建筑施工企业必须依法加强对建筑安全生产的管理,执行安全生产责任制度,采取有效措施,防止伤亡和其他安全生产事故的发生。

建筑施工企业的法定代表人对本企业的安全生产负责。

第四十六条　建筑施工企业应当建立健全劳动安全生产教育培训制度,加强对职工安全生产的教育培训;未经安全生产教育培训的人员,不得上岗作业。

第四十七条　建筑施工企业和作业人员在施工过程中,应当遵守有关安全生产的法律、法规和建筑行业安全规章、规程,不得违章指挥或者违章作业。作业人员有权对影响人身健康的作业程序和作业条件提出改进意见,有权获得安全生产所需的防护用品。作业人员对危及生命安全和人身健康的行为有权提出批评、检举和控告。

第四十八条　建筑施工企业应当依法为职工参加工伤保险,缴纳工伤保险费,鼓励企业为从事危险作业的职工办理意外伤害保险,支付保险费。

　　第五十一条　施工中发生事故时,建筑施工企业应当采取紧急措施减少人员伤亡和事故损失,并按照国家有关规定及时向有关部门报告。

2. 中华人民共和国劳动法(摘录)

　　第三条　劳动者享有平等就业和选择职业的权利、取得劳动报酬的权利、休息休假的权利、获得劳动安全卫生保护的权利、接受职业技能培训的权利、享受社会保险和福利的权利、提请劳动争议处理的权利以及法律规定的其他劳动权利。劳动者应当完成劳动任务,提高职业技能,执行劳动安全卫生规程,遵守劳动纪律和职业道德。

　　第十五条　禁止用人单位招用未满十六周岁的未成年人。

　　第十六条　劳动合同是劳动者与用人单位确立劳动关系、明确双方权利和义务的协议。

　　建立劳动关系应当订立劳动合同。

　　第五十四条　用人单位必须为劳动者提供符合国家规定的劳动安全卫生条件和必要的劳动防护用品,对从事有职业危害作业的劳动者应当定期进行健康检查。

　　第五十五条　从事特种作业的劳动者必须经过专门培训并取得特种作业资格。

　　第五十六条　劳动者在劳动过程中必须严格遵守安全操作规程。劳动者对用人单位管理人员违章指挥、强令冒险作业,有权拒绝执行;对危害生命安全和身体健康的行为,有权提出批评、检举和控告。

　　第五十八条　国家对女职工和未成年工实行特殊劳动保护。

未成年工是指年满十六周岁、未满十八周岁的劳动者。

第六十八条 用人单位应当建立职业培训制度,按照国家规定提取和使用职业培训经费,根据本单位实际,有计划地对劳动者进行职业培训。从事技术工种的劳动者,上岗前必须经过培训。

第七十二条 用人单位和劳动者必须依法参加社会保险,缴纳社会保险费。

第七十七条 用人单位与劳动者发生劳动争议,当事人可以依法申请调解、仲裁、提起诉讼,也可协商解决。调解原则适用于仲裁和诉讼程序。

3. 中华人民共和国安全生产法(摘录)

第六条 生产经营单位的从业人员有依法获得安全生产保障的权利,并应当依法履行安全生产方面的义务。

第十七条 生产经营单位应当具备本法和有关法律、行政法规和国家标准或者行业标准规定的安全生产条件;不具备安全生产条件的,不得从事生产经营活动。

第十八条 生产经营单位的主要负责人对本单位安全生产工作负有下列职责:

(一)建立、健全本单位安全生产责任制;

(二)组织制定本单位安全生产规章制度和操作规程;

(三)组织制定并实施本单位安全生产教育和培训计划;

(四)保证本单位安全生产投入的有效实施;

(五)督促、检查本单位的安全生产工作,及时消除生产安全事故隐患;

(六)组织制定并实施本单位的生产安全事故应急救援预案;

（七）及时、如实报告生产安全事故。

第二十五条 生产经营单位应当对从业人员进行安全生产教育和培训，保证从业人员具备必要的安全生产知识，熟悉有关的安全生产规章制度和安全操作规程，掌握本岗位的安全操作技能，了解事故应急处理措施，知悉自身在安全生产方面的权利和义务。未经安全生产教育和培训合格的从业人员，不得上岗作业。

第二十七条 生产经营单位的特种作业人员必须按照国家有关规定经专门的安全作业培训，取得相应资格，方可上岗作业。

特种作业人员的范围由国务院安全生产监督管理部门会同国务院有关部门确定。

第四十一条 生产经营单位应当教育和督促从业人员严格执行本单位的安全生产规章制度和安全操作规程；并向从业人员如实告知作业场所和工作岗位存在的危险因素、防范措施以及事故应急措施。

第四十二条 生产经营单位必须为从业人员提供符合国家标准或者行业标准的劳动防护用品，并监督、教育从业人员按照使用规则佩戴、使用。

第四十四条 生产经营单位应当安排用于配备劳动防护用品、进行安全生产培训的经费。

第四十八条 生产经营单位必须依法参加工伤保险，为从业人员缴纳保险费。

国家鼓励生产经营单位投保安全生产责任保险。

第四十九条 生产经营单位与从业人员订立的劳动合同，应当载明有关保障从业人员劳动安全、防止职业危害的事项，以及依法为从业人员办理工伤保险的事项。

　　生产经营单位不得以任何形式与从业人员订立协议,免除或者减轻其对从业人员因生产安全事故伤亡依法应承担的责任。

　　第五十条　生产经营单位的从业人员有权了解其作业场所和工作岗位存在的危险因素、防范措施及事故应急措施,有权对本单位的安全生产工作提出建议。

　　第五十一条　从业人员有权对本单位安全生产工作中存在的问题提出批评、检举、控告,有权拒绝违章指挥和强令冒险作业。

　　生产经营单位不得因从业人员对本单位安全生产工作提出批评、检举、控告或者拒绝违章指挥、强令冒险作业而降低其工资、福利等待遇,或者解除与其订立的劳动合同。

　　第五十二条　从业人员发现直接危及人身安全的紧急情况时,有权停止作业或者在采取可能的应急措施后撤离作业场所。

　　生产经营单位不得因从业人员在前款紧急情况下停止作业或者采取紧急撤离措施而降低其工资、福利等待遇或者解除与其订立的劳动合同。

　　第五十三条　因生产安全事故受到损害的从业人员,除依法享有工伤保险外,依照有关民事法律尚有获得赔偿的权利的,有权向本单位提出赔偿要求。

　　第五十四条　从业人员在作业过程中,应当严格遵守本单位的安全生产规章制度和操作规程,服从管理,正确佩戴和使用劳动防护用品。

　　第五十五条　从业人员应当接受安全生产教育和培训,掌握本职工作所需的安全生产知识,提高安全生产技能,增强事故预防和应急处理能力。

　　第五十六条　从业人员发现事故隐患或者其他不安全因

素,应当立即向现场安全生产管理人员或者本单位负责人报告;接到报告的人员应当及时予以处理。

4.建设工程安全生产管理条例(摘录)

第十八条 施工起重机械和整体提升脚手架、模板等自升式架设设施的使用达到国家规定的检验、检测期限的,必须经具有专业资质的检验、检测机构检测。经检测不合格的,不得继续使用。

第二十五条 垂直运输机械作业人员、安装拆卸工、爆破作业人员、起重信号工、登高架设作业人员等特种作业人员,必须按照国家有关规定经过专门的安全作业培训,并取得特种作业操作资格证书后,方可上岗作业。

第二十七条 建设工程施工前,施工单位负责项目管理的技术人员应当对有关安全施工的技术要求向施工作业班组、作业人员做出详细说明,并由双方签字确认。

第二十八条 施工单位应当在施工现场入口处、施工起重机械、临时用电设施、脚手架、出入通道口、楼梯口、电梯井口、孔洞口、桥梁口、隧道口、基坑边沿、爆破物及有害危险气体和液体存放处等危险部位,设置明显的安全警示标志。安全标志必须符合国家标准。

第二十九条 施工单位应当将施工现场的办公、生活区与作业区分开设置,并保持安全距离;办公、生活区的选择应当符合安全性要求。职工的膳食、饮水、休息场所等应当符合卫生标准。施工单位不得在尚未竣工的建筑物内设置员工集体宿舍。

施工现场临时搭建的建筑物应当符合安全使用要求。施工现场使用的装配式活动房屋应当具有产品合格证。

第三十二条 施工单位应当向作业人员提供安全防护用具

和安全防护服装,并书面告知危险岗位的操作规程和违章操作的危害。

作业人员有权对施工现场的作业条件、作业程序和作业方式中存在的安全问题提出批评、检举和控告,有权拒绝违章指挥和强令冒险作业。

在施工中发生危及人身安全的紧急情况时,作业人员有权立即停止作业或者在采取必要的应急措施后撤离危险区域。

第三十三条　作业人员应当遵守安全施工的强制性标准、规章制度和操作规程,正确使用安全防护用具、机械设备等。

第三十六条　施工单位应当对管理人员和作业人员每年至少进行一次安全生产教育培训,其教育培训情况记入个人工作档案。安全生产教育培训考核不合格的人员,不得上岗。

第三十七条　作业人员进入新的岗位或者新的施工现场前,应当接受安全生产教育培训。未经教育培训或者教育培训考核不合格的人员,不得上岗作业。

施工单位在采用新技术、新工艺、新设备、新材料时,应当对作业人员进行相应的安全生产教育培训。

第三十八条　施工单位应当为施工现场从事危险作业的人员办理意外伤害保险。

意外伤害保险费由施工单位支付。

5.工伤保险条例(摘录)

第二条　中华人民共和国境内的企业、事业单位、社会团体、民办非企业单位、基金会、律师事务所、会计师事务所等组织和有雇工的个体工商户(以下称用人单位)应当依照本条例规定参加工伤保险,为本单位全部职工或者雇工(以下称职工)缴纳工伤保险费。

中华人民共和国境内的企业、事业单位、社会团体、民办非企业单位、基金会、律师事务所、会计师事务所等组织的职工和个体工商户的雇工,均有依照本条例的规定享受工伤保险待遇的权利。

第十条 用人单位应当按时缴纳工伤保险费。职工个人不缴纳工伤保险费。

第二十一条 职工发生工伤,经治疗伤情相对稳定后存在残疾、影响劳动能力的,应当进行劳动能力鉴定。

第三十条 职工因工作遭受事故伤害或者患职业病进行治疗,享受工伤医疗待遇……

二、务工就业及社会保险

1. 劳动合同

(1)用人单位应当依法与劳动者签订劳动合同。

劳动合同是劳动者与用人单位确立劳动关系、明确双方权利和义务的协议。建立劳动关系应当订立劳动合同。订立和变更劳动合同,应遵循平等自愿、协商一致的原则,不得违反法律、行政法规的规定。劳动合同应当具备以下必备条款:

①劳动合同期限。即劳动合同的有效时间。

②工作内容。即劳动者在劳动合同有效期内所从事的工作岗位(工种),以及工作应达到的数量、质量指标或者应当完成的任务。

③劳动保护和劳动条件。即为了保障劳动者在劳动过程中的安全、卫生及其他劳动条件,用人单位根据国家有关法律、法规而采取的各项保护措施。

④劳动报酬。即在劳动者提供了正常劳动的情况下,用人

单位应当支付的工资。

⑤劳动纪律。即劳动者在劳动过程中必须遵守的工作秩序和规则。

⑥劳动合同终止的条件。即除了期限以外其他由当事人约定的特定法律事实,这些事实一出现,双方当事人之间的权利义务关系终止。

⑦违反劳动合同的责任。即当事人不履行劳动合同或者不完全履行劳动合同,所应承担的相应法律责任。

(2)试用期应包括在劳动合同期限之中。

根据《中华人民共和国劳动法》(以下简称《劳动法》)规定,用人单位与劳动者签订的劳动合同期限可以分为三类:

①有固定期限,即在合同中明确约定效力期间,期限可长可短,长到几年、十几年,短到一年或者几个月。

②无固定期限,即劳动合同中只约定了起始日期,没有约定具体终止日期。无固定期限劳动合同可以依法约定终止劳动合同条件,在履行中只要不出现约定的终止条件或法律规定的解除条件,一般不能解除或终止,劳动关系可以一直存续到劳动者退休为止。

③以完成一定的工作为期限,即以完成某项工作或者某项工程为有效期限,该项工作或者工程一经完成,劳动合同即终止。

签订劳动合同可以不约定试用期,也可以约定试用期,但试用期最长不得超过 6 个月。劳动合同期限在 6 个月以下的,试用期不得超过 15 日;劳动合同期限在 6 个月以上 1 年以下的,试用期不得超过 30 日;劳动合同期限在 1 年以上 2 年以下的,试用期不得超过 60 日。试用期包括在劳动合同期限中。非全日制劳动合同,不得约定试用期。

(3)订立劳动合同时,用人单位不得向劳动者收取定金、保证金或扣留居民身份证。

根据劳动保障部《劳动力市场管理规定》,禁止用人单位招用人员时向求职者收取招聘费用、向被录用人员收取保证金或抵押金、扣押被录用人员的身份证等证件。用人单位违反规定的,由劳动保障行政部门责令改正,并可处以 1000 元以下罚款;对当事人造成损害的,应承担赔偿责任。

(4)劳动者不必履行无效的劳动合同。

①无效的劳动合同是指不具有法律效力的劳动合同。根据《劳动法》的规定,下列劳动合同无效:

a.违反法律、行政法规的劳动合同。

b.采取欺诈、威胁等手段订立的劳动合同。劳动合同的无效,由劳动争议仲裁委员会或者人民法院确认。无效的劳动合同,从订立的时候起,就没有法律约束力。也就是说,劳动者自始至终都无须履行无效劳动合同。确认劳动合同部分无效的,如果不影响其余部分的效力,其余部分仍然有效。

②由于用人单位的原因订立的无效合同,对劳动者造成损害的,应当承担赔偿责任。具体包括:

a.造成劳动者工资收入损失的,按劳动者本人应得工资收入支付给劳动者,并加付应得工资收入 25％的赔偿费用。

b.造成劳动者劳动保护待遇损失的,应按国家规定补足劳动者的劳动保护津贴和用品。

c.造成劳动者工伤、医疗待遇损失的,除按国家规定为劳动者提供工伤、医疗待遇外,还应支付劳动者相当于医疗费用 25％的赔偿费用。

d.造成女职工和未成年工身体健康损害的,除按国家规定提供治疗期间的医疗待遇外,还应支付相当于其医疗费用 25％

的赔偿费用。

e. 劳动合同约定的其他赔偿费用。

(5)用人单位不得随意变更劳动合同。

劳动合同的变更,是指劳动关系双方当事人就已订立的劳动合同的部分条款达成修改、补充或者废止协定的法律行为。《劳动法》规定,变更劳动合同,应当遵循平等自愿、协商一致的原则,不得违反法律、行政法规的规定。经双方协商同意依法变更后的劳动合同继续有效,对双方当事人都有约束力。

(6)解除劳动合同应当符合《劳动法》的规定。

劳动合同的解除,是指劳动合同有效成立后至终止前这段时期内,当具备法律规定的劳动合同解除条件时,因用人单位或劳动者一方或双方提出,而提前解除双方的劳动关系。根据《劳动法》的规定,劳动者可以和用人单位协商解除劳动合同,也可以在符合法律规定的情况下单方解除劳动合同。

①劳动者单方解除。

a.《劳动法》第三十一条规定:劳动者解除劳动合同,应当提前三十日以书面形式通知用人单位。这是劳动者解除劳动合同的条件和程序。劳动者提前三十日以书面形式通知用人单位解除劳动合同,无须征得用人单位的同意,用人单位应及时办理有关解除劳动合同的手续。但由于劳动者违反劳动合同的有关约定而给用人单位造成经济损失的,应依据有关规定和劳动合同的约定,由劳动者承担赔偿责任。

b.《劳动法》第三十二条规定:有下列情形之一的,劳动者可以随时通知用人单位解除劳动合同:

(a)在试用期内的;

(b)用人单位以暴力、威胁或者非法限制人身自由的手段强迫劳动的;

(c)用人单位未按照劳动合同约定支付劳动报酬或者提供劳动条件的。

②用人单位单方解除。

a.《劳动法》第二十五条规定,劳动者有下列情形之一的,用人单位可以解除劳动合同:

(a)在试用期间被证明不符合录用条件的;

(b)严重违反劳动纪律或者用人单位规章制度的;

(c)严重失职、营私舞弊,对用人单位利益造成重大损害的;

(d)被依法追究刑事责任的。

b.《劳动法》第二十六条规定:有下列情形之一的,用人单位可以解除劳动合同,但是应当提前三十日以书面形式通知劳动者本人:

(a)劳动者患病或者非因工负伤,医疗期满后,既不能从事原工作也不能从事由用人单位另行安排的工作的;

(b)劳动者不能胜任工作,经过培训或者调整工作岗位,仍不能胜任工作的;

(c)劳动合同订立时所依据的客观情况发生重大变化,致使原劳动合同无法履行,经当事人协商不能就变更劳动合同达成协议的。

c.《劳动法》第二十七条规定:用人单位濒临破产进行法定整顿期间或者生产经营状况发生严重困难,确需裁减人员的,应当提前三十日向工会或者全体职工说明情况,听取工会或者职工的意见,经向劳动保障行政部门报告后,可以裁减人员。并且规定,用人单位自裁减人员之日起六个月内录用人员的,应当优先录用被裁减的人员。

(7)用人单位解除劳动合同应当依法向劳动者支付经济补偿金。

根据《劳动法》规定,在下列情况下,用人单位解除与劳动者的劳动合同,应当根据劳动者在本单位的工作年限,每满一年发给相当于一个月工资的经济补偿金:

①经劳动合同当事人协商一致,由用人单位解除劳动合同的。

②劳动者不能胜任工作,经过培训或者调整工作岗位仍不能胜任工作,由用人单位解除劳动合同的。

以上两种情况下支付经济补偿金,最多不超过12个月。

③劳动合同订立时所依据的客观情况发生了重大变化,致使原劳动合同无法履行,经当事人协商不能就变更劳动合同达成协议,由用人单位解除劳动合同的。

④用人单位濒临破产进行法定整顿期间或者生产经营状况发生严重困难,必须裁减人员,由用人单位解除劳动合同的。

⑤劳动者患病或者非因工负伤,经劳动鉴定委员会确认不能从事原工作,也不能从事用人单位另行安排的工作而解除劳动合同的;在这类情况下,同时应发给不低于6个月工资的医疗补助费。劳动者患重病或者绝症的还应增加医疗补助费,患重病的增加部分不低于医疗补助费的50%,患绝症的增加部分不低于医疗补助费的100%。

另外,用人单位解除劳动者劳动合同后,未按以上规定给予劳动者经济补偿的,除必须全额发给经济补偿金外,还须按欠发经济补偿金数额的50%支付额外经济补偿金。

经济补偿金应当一次性发给。劳动者在本单位工作时间不满一年的按一年的标准计算。计算经济补偿金的工资标准是企业正常生产情况下,劳动者解除合同前12个月的月平均工资;在以上第③、④、⑤类情况下,给予经济补偿金的劳动者月平均工资低于企业月平均工资的,应按企业月平均工资支付。

(8)用人单位不得随意解除劳动合同。

《劳动法》及《违反〈劳动法〉有关劳动合同规定的赔偿办法》(劳部发〔1995〕223号)规定,用人单位不得随意解除劳动合同。用人单位违法解除劳动合同的,由劳动保障行政部门责令改正;对劳动者造成损害的,应当承担赔偿责任。具体赔偿标准是:

①造成劳动者工资收入损失的,按劳动者本人应得工资收入支付劳动者,并加付应得工资收入25%的赔偿费用。

②造成劳动者劳动保护待遇损失的,应按国家规定补足劳动者的劳动保护津贴和用品。

③造成劳动者工伤、医疗待遇损失的,除按国家规定为劳动者提供工伤、医疗待遇外,还应支付劳动者相当于医疗费用25%的赔偿费用。

④造成女职工和未成年工身体健康损害的,除按国家规定提供治疗期间的医疗待遇外,还应支付相当于其医疗费用25%的赔偿费用。

⑤劳动合同约定的其他赔偿费用。

2. 工资

(1)用人单位应该按时足额支付工资。

《劳动法》中的"工资"是指用人单位依据国家有关规定或劳动合同的约定,以货币形式直接支付给本单位劳动者的劳动报酬,一般包括计时工资、计件工资、奖金、津贴和补贴、延长工作时间的工资报酬以及特殊情况下支付的工资等。

(2)用人单位不得克扣劳动者工资。

《劳动法》以及《违反〈中华人民共和国劳动法〉行政处罚办法》等规定,用人单位不得克扣劳动者工资。用人单位克扣劳动者工资的,由劳动保障行政部门责令支付劳动者的工资报酬,并加发相当于工资报酬 25％的经济补偿金。并可责令用人单位按相当于支付劳动者工资报酬、经济补偿总和的一至五倍支付劳动者赔偿金。

"克扣工资"是指用人单位无正当理由扣减劳动者应得工资（即在劳动者已提供正常劳动的前提下，用人单位按劳动合同规定的标准应当支付给劳动者的全部劳动报酬）。

（3）用人单位不得无故拖欠劳动者工资。

《劳动法》以及《违反〈中华人民共和国劳动法〉行政处罚办法》等规定，用人单位无故拖欠劳动者工资的，由劳动保障行政部门责令支付劳动者的工资报酬，并加发相当于工资报酬 25％的经济补偿金。并可责令用人单位按相当于支付劳动者工资报酬、经济补偿总和的一至五倍支付劳动者赔偿金。

"无故拖欠工资"是指用人单位无正当理由超过规定付薪时间未支付劳动者工资。

（4）农民工工资标准。

①在劳动者提供正常劳动的情况下，用人单位支付的工资不得低于当地最低工资标准。

根据《劳动法》、劳动保障部《最低工资规定》等规定，在劳动者提供正常劳动的情况下，用人单位应支付给劳动者的工资在剔除下列各项以后，不得低于当地最低工资标准：

a. 延长工作时间工资。

b. 中班、夜班、高温、低温、井下、有毒有害等特殊工作环境条件下的津贴。

c. 法律、法规和国家规定的劳动者福利待遇等。

实行计件工资或提成工资等工资形式的用人单位，在科学合理的劳动定额基础上，其支付劳动者的工资不得低于相应的最低工资标准。

用人单位违反以上规定的,由劳动保障行政部门责令其限期补发所欠劳动者工资,并可责令其按所欠工资的一至五倍支付劳动者赔偿金。

②在非全日制劳动者提供正常劳动的情况下,用人单位支付的小时工资不得低于当地小时工资最低标准。

劳动保障部《最低工资规定》《关于非全日制用工若干问题的意见》规定,非全日制用工是指以小时计酬、劳动者在同一用人单位平均每日工作时间不超过 5h、累计每周工作时间不超过 30h 的用工形式。用人单位应当按时足额支付非全日制劳动者的工资,具体可以按小时、日、周或月为单位结算。在非全日制劳动者提供正常劳动的情况下,用人单位支付的小时工资不得低于当地小时工资最低标准。非全日制用工的小时工资最低标准由省、自治区、直辖市规定。

③用人单位安排劳动者加班加点应依法支付加班加点工资。

《劳动法》以及《违反〈中华人民共和国劳动法〉行政处罚办法》等规定,用人单位安排劳动者加班加点应依法支付加班加点工资。用人单位拒不支付加班加点工资的,由劳动保障行政部门责令支付劳动者的工资报酬,并加发相当于工资报酬 25% 的经济补偿金。并可责令用人单位按相当于支付劳动者工资报酬、经济补偿总和的一至五倍支付劳动者赔偿金。

劳动者日工资可统一按劳动者本人的月工资标准除以每月制度工作天数进行折算。职工全年月平均工作天数和工作时间分别为 20.92 天和 167.4h,职工的日工资和小时工资按此进行折算。

3. 社会保险

(1)农民工有权参加基本医疗保险。

根据国家有关规定,各地要逐步将与用人单位形成劳动关系的农村进城务工人员纳入医疗保险范围。根据农村进城务工人员的特点和医疗需求，合理确定缴费率和保障方式，解决他们在务工期间的大病医疗保障问题，用人单位要按规定为其缴纳医疗保险费。对在城镇从事个体经营等灵活就业的农村进城务工人员，可以按照灵活就业人员参保的有关规定参加医疗保险。据此，在已经将农民工纳入医疗保险范围的地区，农民工有权参加医疗保险，用人单位和农民工本人应依法缴纳医疗保险费，农民工患病时，可以按照规定享受有关医疗保险待遇。

(2)农民工有权参加基本养老保险。

按照国务院《社会保险费征缴暂行条例》等有关规定，基本养老保险覆盖范围内的用人单位的所有职工，包括农民工，都应该参加养老保险，履行缴费义务。参加养老保险的农民合同制职工，在与企业终止或解除劳动关系后，由社会保险经办机构保留其养老保险关系，保管其个人账户并计息。凡重新就业的，应接续或转移养老保险关系；也可按照省级政府的规定，根据农民合同制职工本人申请，将其个人账户个人缴费部分一次性支付给本人，同时终止养老保险关系。农民合同制职工在男年满60周岁、女年满55周岁时，累计缴费年限满15年以上的，可按规定领取基本养老金；累计缴费年限不满15年的，其个人账户全部储存额一次性支付给本人。

(3)农民工有权参加失业保险。

根据《失业保险条例》规定，城镇企业事业单位招用的农民合同制工人应该参加失业保险，用人单位按规定为农民工缴纳社会保险费，农民合同制工人本人不缴纳失业保险费。单位招用的农民合同制工人连续工作满1年，本单位并已缴纳失业保险费，劳动合同期满未续订或者提前解除劳动合同的，由社会保险经办机构根据其工作时间长短，对其支付一次性生活补助。

补助的办法和标准由省、自治区、直辖市人民政府规定。

（4）用人单位应依法为农民工参加生育保险。

目前我国的生育保险制度还没有普遍建立，各地工作进展不平衡。从各地制定的规定看，有的地区没有将农民工纳入生育保险覆盖范围，有的地区则将农民工纳入了生育保险覆盖范围。如果农民工所在地区将农民工纳入了生育保险覆盖范围，农民工所在单位应按规定为农民工参加生育保险并缴纳生育保险费，符合规定条件的生育农民工依法享受生育保险待遇。

（5）劳动争议与调解处理。

劳动争议，也称劳动纠纷，就是指劳动关系当事人双方（用人单位和劳动者）之间因执行劳动法律、法规或者履行劳动合同以及其他劳动问题而发生劳动权利与义务方面的纠纷。

①劳动争议的范围。劳动争议的内容，是指劳动合同关系中当事人的权利与义务。所以，用人单位与劳动者之间发生的争议不都是劳动争议。只有在争议涉及劳动关系双方当事人在劳动关系中的权利和义务时，它才是劳动争议。劳动争议包括：因开除、除名、辞退职工和职工辞职、自动离职发生的争议；因执行国家有关工资、保险、福利、培训、劳动保护的规定发生的争议；因履行劳动合同发生的争议等。

②劳动争议处理机构。我国的劳动争议处理机构主要有：企业劳动争议调解委员会、各级政府劳动争议仲裁委员会和人民法院。根据《劳动法》等的规定：在用人单位内可以设劳动争议调解委员会，负责调解本单位的劳动争议；在县、市、市辖区应当设立劳动争议仲裁委员会；各级人民法院的民事审判庭负责劳动争议案件的审理工作。

③劳动争议的解决方法。根据我国有关法律、法规的规定，解决劳动争议的方法如下：

a. 协商。劳动争议发生后,双方当事人应当先进行协商,以达成解决方案。

b. 调解。就是企业调解委员会对本单位发生的劳动争议进行调解。从法律、法规的规定看,这并不是必经的程序。但它对于劳动争议的解决却起到很大作用。

c. 仲裁。劳动争议调解不成的,当事人可以向劳动争议仲裁委员会申请仲裁。当事人也可以直接向劳动争议仲裁委员会申请仲裁。当事人从知道或应当知道其权利被侵害之日起 60 日内,以书面形式向仲裁委员会申请仲裁。仲裁委员会应当自收到申请书之日起 7 日内做出受理或不予受理的决定。

d. 诉讼。当事人对仲裁裁决不服的,可以自收到仲裁裁决之日起 15 日内向人民法院起诉。人民法院民事审判庭受理和审理劳动争议案件。

④维护自身权益要注意法定时限。劳动者通过法律途径维护自身权益,一定要注意不能超过法律规定的时限。劳动者通过劳动争议仲裁、行政复议等法律途径维护自身合法权益,或者申请工伤认定、职业病诊断与鉴定等,一定要注意在法定的时限内提出申请。如果超过了法定时限,有关申请可能不会被受理,致使自身权益难以得到保护。主要的时限包括:

a. 申请劳动争议仲裁的,应当在劳动争议发生之日(即当事人知道或应当知道其权利被侵害之日)起 60 日内向劳动争议仲裁委员会申请仲裁。

b. 对劳动争议仲裁裁决不服、提起诉讼的,应当自收到仲裁裁决书之日起 15 日内,向人民法院提起诉讼。

c. 申请行政复议的,应当自知道该具体行政行为之日起 60 日内提出行政复议申请。

d. 对行政复议决定不服、提起行政诉讼的,应当自收到行政复议决定书之日起 15 日内,向人民法院提起行政诉讼。

e.直接向人民法院提起行政诉讼的,应当在知道做出具体行政行为之日起 3 个月内提出,法律另有规定的除外。因不可抗力或者其他特殊情况耽误法定期限的,在障碍消除后的 10 日内,可以申请延长期限,由人民法院决定。

f.申请工伤认定的,所在单位应当自事故伤害发生之日或者被诊断、鉴定为职业病之日起 30 日内,向统筹地区劳动保障行政部门提出工伤认定申请。遇有特殊情况,经报劳动保障行政部门同意,申请时限可以适当延长。用人单位未按前款规定提出工伤认定申请的,工伤职工或者其直系亲属、工会组织在事故伤害发生之日或者被诊断、鉴定为职业病之日起 1 年内,可以直接向用人单位所在地统筹地区劳动保障行政部门提出工伤认定申请。

三、工人健康卫生知识

1.常见疾病的预防和治疗

(1)流行性感冒。

①流行性感冒的传播方式。流行性感冒简称流感,是由流感病毒引起的一种急性呼吸道传染病。流感的传染源主要是患者,病后 1~7 天均有传染性。流感主要通过呼吸道传播,传染性很强,常引起流行。一般常突然发生,迅速蔓延,患者数多。

提示:发生流行性感冒时应注意与病人保持一定距离,以免被传染。

②流行性感冒的症状。流感的症状与感冒类似,主要是发热及上呼吸道感染症状,如咽痛、鼻塞、流鼻涕、打喷嚏、咳嗽等。流感的全身症状重,而局部症状很轻。

③流行性感冒的预防。

a.最主要的是注射流感疫苗,疫苗应于流感流行前1～2个月注射。因流感冬季易发,故常于每年10月左右进行注射。

b.应当尽量避免接触病人,流行期间不到人多的地方去。

c.增强身体抵抗力最重要,生活规律、适当锻炼、合理营养、精神愉快非常关键。

d.避免过累、精神紧张、着凉、酗酒等。

(2)细菌性痢疾。

①细菌性痢疾的传播方式。细菌性痢疾(简称菌痢),是夏秋季节最常见的急性肠道传染病,由痢疾杆菌引起,以结肠化脓性炎症为主要病变。菌痢主要通过粪—口途径传播,即患者大便中的痢疾杆菌可以污染手、食物、水、蔬菜、水果等而进入口中引起感染。细菌性痢疾终年均有发生,但多流行于夏秋季节。人群对此病普遍易感,幼儿及青壮年发病率较高。

②细菌性痢疾的症状。细菌性痢疾病情可轻可重,轻者仅有轻度腹泻,重者可有发热、全身不适、乏力、恶心、呕吐、腹痛、腹泻。腹泻次数由一日数次至十数次不等,患者常有老想解大便可总也解不干净的感觉(里急后重),患者大便中常有黏液,重者有脓血。

③细菌性痢疾的预防。

a.做好痢疾患者的粪便、呕吐物的消毒处理,管理好水源,防止病菌污染水源、土壤及农作物;患者使用过的厕所、餐具等也应消毒。

b.不喝生水,不生吃水产品,蔬菜要洗净、炒熟再吃,水果应洗净削皮后食用。

c.养成饭前、便后洗手的习惯,不吃被苍蝇、蟑螂叮咬过或爬过的食物,积极做好灭苍蝇、灭蟑螂工作。

d. 加强体育锻炼,增强体质。

重点:注意个人卫生,养成饭前、便后洗手的习惯。

(3)食物中毒。

①细菌性食物中毒的传播方式。细菌性食物中毒是由于进食被细菌或细菌毒素污染的食物而引起的急性感染中毒性疾病。细菌性食物中毒是典型的肠道传染病,发生原因主要有以下几个方面:

a. 食物在宰杀或收割、运输、储存、销售等过程中受到病菌的污染。

b. 被致病菌污染的食物在较高的温度下存放,食品中充足的水分、适宜的酸碱度及营养条件使致病菌大量繁殖或产生毒素。

c. 食品在食用前未烧透或熟食受到生食交叉污染。

d. 在缺氧环境中(如罐头等)肉毒杆菌产生毒素。

②细菌性食物中毒的症状。胃肠型细菌性食物中毒是食物中毒中最常见的一种,是由于食用了被细菌或细菌毒素污染的食物所引起的。绝大多数患者表现为胃肠炎的症状,如恶心、呕吐、腹痛、腹泻、排水样便等。腹泻一天数次到数十次不等,多数是稀水样便,个别人可有黏液血便、血水样便等,极少数患者可以发生败血症。

③细菌性食物中毒的预防。

a. 防止食品污染。加强对污染源的管理,做好牲畜屠宰前后的卫生检验,防止感染;对海鲜类食品应加强管理,防止污染其他食品;要严防食品加工、贮存、运输、销售过程中被病原体污染;食品容器、刀具等应严格生熟分开使用,做好消毒工作,防止交叉污染;生产场所、厨房、食堂等要有防蝇、防鼠设备;严格遵守饮食行业和炊事人员的个人卫生制度;患化脓性病症和上呼吸道感染的患者,在治愈前不应参加接触食品的工作。

b.控制病原体繁殖及外毒素的形成。食品应低温保存或放在阴凉通风处,食品中加盐量达 10％也可有效控制细菌繁殖及毒素形成。

c.彻底加热杀灭细菌及破坏毒素。这是防止食物中毒的重要措施,要彻底杀灭肉中的病原体,肉块不应太大,加热时其内部温度可以达到 80℃,这样持续 12min 就可将细菌杀死。

d.凡是食品在加工和保存过程中有厌氧环境存在,均应防止肉毒杆菌的污染,过期罐头——特别是产气罐头(其盖鼓起)均勿食用。

(4)病毒性肝炎。

①病毒性肝炎的类型。病毒性肝炎是由多种肝炎病毒引起的,以肝脏损害为主的一组全身性传染病。按病原体分类,目前已确定的有甲型肝炎、乙型肝炎、丙型肝炎、丁型肝炎、戊型肝炎。通过实验诊断排除上述类型的肝炎者,称为"非甲—戊型肝炎"。

②病毒性肝炎的传染源。

a.甲型肝炎无病毒携带状态,传染源为急性期患者和隐性感染者。粪便排毒期在起病前 2 周至血清转氨酶高峰期后 1 周,少数患者延长至病后 30 天。

b.乙型肝炎属于常见传染病,可通过母婴、血液和体液传播。传染源主要是急、慢性乙型肝炎患者和病毒携带者。急性患者在潜伏期末及急性期有传染性,但不超过 6 个月。慢性患者和病毒携带者作为传染源预防的意义重大。

c.丙型肝炎的传染源是急、慢性患者和无症状病毒携带者。

d.丁型肝炎的传染源与乙型肝炎相似。

e.戊型肝炎的传染源与甲型肝炎相似。

③病毒性肝炎的症状。

a.疲乏无力、懒动、下肢酸困不适,稍加活动则难以支持。

b.食欲不振、食欲减退、厌油、恶心、呕吐及腹胀,往往食后加重。

c.部分病人尿黄、尿色如浓茶,大便色淡或灰白,腹泻或便秘。

d.右上腹部有持续性腹痛,个别病人可呈针刺样或牵拉样疼痛,于活动、久坐后加重,卧床休息后可缓解,右侧卧时加重,左侧卧时减轻。

e.医生检查可有肝脏肿大、压痛、肝区叩击痛、肝功能损害,部分病例出现发热及黄疸表现。

f.血清谷丙转氨酶及血中总胆红素升高有助于诊断,也可进一步做血清免疫学检查及明确肝炎类型。

④病毒性肝炎的预防。病毒性肝炎预防应采取以切断传播途径为重点的综合性措施。

对甲型、戊型肝炎,重点抓好水源保护、饮水消毒、食品加工、粪便管理等,切断粪—口途径传播,注意个人卫生,饭前、便后洗手,不喝生水,生吃瓜果要洗净。对于急性病如甲型和戊型肝炎病人接触的易感人群,应注射人血丙种球蛋白,注射时间越早越好。

对乙型、丙型和丁型肝炎,重点在于防止通过血液和体液的传播,各种医疗及预防注射,应实行一人一针一管,对带血清的污染物应严格消毒,对血液和血液制品应严格检测。对学龄前儿童和密切接触者,应接种乙肝疫苗;乙肝疫苗和乙肝免疫球蛋白联合应用可有效地阻断母婴传播;医务人员在工作中因医疗意外或医疗操作不慎感染乙肝病毒,应立即注射免疫球蛋白。

2. 职业病的预防和治疗

（1）职业病定义。

所谓职业病，是指企业、事业单位和个体经济组织的劳动者在职业活动中，因接触粉尘、放射性物质和其他有毒、有害物质等因素而引起的疾病。对于患职业病的，我国法律规定，应属于工伤，享受工伤待遇。

（2）建筑企业常见的职业病。

①接触各种粉尘引起的尘肺病。

②电焊工尘肺、眼病。

③直接操作振动机械引起的手臂振动病。

④油漆工、粉刷工接触有机材料散发的不良气体引起的中毒。

⑤接触噪声引起的职业性耳聋。

⑥长期超时、超强度地工作，精神长期过度紧张造成相应职业病。

⑦高温中暑等。

（3）职业病鉴定与保障。

劳动者如果怀疑所得的疾病为职业病，应当及时到当地卫生部门批准的职业病诊断机构进行职业病诊断。对诊断结论有异议的，可以在 30 日内到市级卫生行政部门申请职业病诊断鉴定，鉴定后仍有异议的，可以在 15 日内到省级卫生行政部门申请再鉴定。被诊断、鉴定为职业病，所在单位应当自被诊断、鉴定为职业病之日起 30 日内，向统筹地区劳动保障行政部门提出工伤认定申请。

提示：劳动者日常需要注意收集与职业病相关的材料。

（4）职业病的诊断。

根据《中华人民共和国职业病防治法》(以下简称《职业病防治法》)和《职业病诊断与鉴定管理办法》的有关规定,具体程序为:

①职业病诊断应当由省级以上人民政府卫生行政部门批准的医疗卫生机构承担,劳动者可以在用人单位所在地或者本人居住地依法承担职业病诊断的医疗卫生机构进行职业病诊断。

②当事人申请职业病诊断时应当提供以下材料:

a. 职业史、既往史。

b. 职业健康监护档案复印件。

c. 职业健康检查结果。

d. 工作场所历年职业病危害因素检测、评价资料。

e. 诊断机构要求提供的其他必需的有关材料。

③职业病诊断应当依据职业病诊断标准,结合职业病危害接触史、工作场所职业病危害因素检测与评价、临床表现和医学检查结果等资料,综合做出分析。

④职业病诊断机构在进行职业病诊断时,应当组织三名以上取得职业病诊断资格的执业医师进行集体诊断。

⑤职业病诊断机构做出职业病诊断后,应当向当事人出具职业病诊断证明书。职业病诊断证明书应当明确是否患有职业病,对患有职业病的,还应当载明所患职业病的名称、程度(期别)、处理意见和复查时间。

⑥当事人对职业病诊断有异议的,在接到职业病诊断证明书之日起 30 日内,可以向做出诊断的医疗卫生机构所在地的市级卫生行政部门申请鉴定。

⑦当事人申请职业病诊断鉴定时,应当提供以下材料:

a. 职业病诊断鉴定申请书。

b. 职业病诊断证明书。

c.其他有关资料。职业病诊断鉴定办事机构应当自收到申请资料之日起 10 日内完成材料审核,对材料齐全的发给受理通知书;材料不全的,通知当事人补充。职业病诊断鉴定办事机构应当在受理鉴定之日起 60 日内组织鉴定。

⑧鉴定委员会应当认真审查当事人提供的材料,必要时可听取当事人的陈述和申辩,对被鉴定人进行医学检查,对被鉴定人的工作场所进行现场调查取证。

⑨职业病诊断鉴定书应当包括以下内容:

a.劳动者、用人单位的基本情况及鉴定事由。

b.参加鉴定的专家情况。

c.鉴定结论及其依据,如果为职业病,应当注明职业病名称、程度(期别)。

d.鉴定时间。职业病诊断鉴定书应当于鉴定结束之日起 20 日内由职业病诊断鉴定办事机构发送给当事人。

(5)劳动者有权利拒绝从事容易发生职业病的工作。

劳动者依法享有保持自己身体健康的权利,因此,对于是否选择从事存在职业病危害的工作,应当由劳动者依照其自己的意愿决定。而要使劳动者能够自行决定是否选择从事该工作,就应当保证劳动者对相关工作内容以及其可能带来的危害有一定的了解。正因为如此,《职业病防治法》规定:"用人单位与劳动者订立劳动合同(含聘用合同,下同)时,应当将工作过程中可能产生的职业病危害及其后果、职业病防护措施和待遇等如实告知劳动者,并在劳动合同中写明,不得隐瞒或者欺骗。""劳动者在已订立劳动合同期间因工作岗位或者工作内容变更,从事与所订立劳动合同中未告知的存在职业病危害的作业时,用人单位应当依照前款规定,向劳动者履行如实告知的义务,并协商变更原劳动合同相关条款。""用人单位违反前两款规定的,劳动者有权拒绝从事存在职业病危害的作业，用人单位不得因此解除或者终止与劳动者所订立的劳动合同。"

另外，根据《职业病防治法》的规定，用人单位违反本规定，订立或者变更劳动合同时，未告知劳动者职业病危害真实情况的，由卫生行政部门责令限期改正，给予警告，可以并处2万元以上5万元以下的罚款。

根据前述规定，如果用人单位没有将工作过程中可能产生的职业病危害及其后果、职业病防护措施和待遇等如实告知劳动者，并在劳动合同中写明，那么劳动者就有权利拒绝从事存在职业病危害的作业，并且用人单位不得因劳动者拒绝从事该作业而解除或者终止劳动者的劳动合同。

(6)患职业病的劳动者有权获得相应的保障。

①患职业病的劳动者有权利获得职业保障。《中华人民共和国劳动合同法》规定，用人单位以下情形不得解除劳动合同：

a.患职业病或者因工负伤并确认丧失或者部分丧失劳动能力的。

b.患病或者负伤，在规定的医疗期内的。职业病病人依法享受国家规定的职业病待遇，用人单位对不适宜继续从事原工作的职业病病人，应当调离原岗位，并妥善安置。

②患职业病的劳动者有权利获得医疗保障。《职业病防治法》规定："职业病病人依法享受国家规定的职业病待遇。用人单位应当按照国家有关规定，安排职业病病人进行治疗、康复和定期检查。"

③患职业病的劳动者有权利获得生活保障。《职业病防治法》规定："劳动者被诊断患有职业病，但用人单位没有依法参加工伤社会保险的，其医疗和生活保障由最后的用人单位承担。"

④患职业病的劳动者有权利依法获得赔偿。职业病病人除依法享有工伤社会保险外,依照有关民事法律,尚有获得赔偿的权利的,有权向用人单位提出赔偿要求。

(7)职工患职业病后的一次性处理规定。

职工患病后,应当先行治疗,然后进行职业病的诊断和鉴定。如果职工按照《职业病防治法》规定被诊断、鉴定为职业病,必须向劳动保障行政部门提出工伤认定申请,由劳动保障行政部门做出工伤认定。如果职工经治疗伤情相对稳定后存在残疾、影响劳动能力的,还应当进行劳动能力鉴定。最后职工才可按照《工伤保险条例》规定的标准享受工伤保险待遇。

以上程序是职工患职业病后享受工伤待遇所必需的,是切实保障职工合法权益的基础。但在实际生活中,一些用人单位和职工由于不懂工伤法律或者怕麻烦、图省事,在职工患病后就直接约定进行一次性工伤补助,这种做法是不可取的。当然,如果工伤职工愿意,待治愈或病情稳定做出工伤伤残等级鉴定后,可参照有关工伤的规定依法与企业达成一次性领取工伤待遇的相关协议。

(8)治疗职业病的有关费用支付。

首先应当明确的是,检查、治疗、诊断职业病的,劳动者本人不承担相关费用。这些费用依照规定,应当由用人单位负担或者从工伤保险基金中支付。

①职业健康检查费用由用人单位承担。

②救治急性职业病危害的劳动者,或者进行健康检查和医学观察,所需费用由用人单位承担。

③职业病诊断鉴定费用由用人单位承担。

④因职业病进行劳动能力鉴定的,鉴定费从工伤保险基金中支付。

⑤因职业病需要治疗的,相关费用按照工伤的规定处理。

还需要说明的是,不管是职业病还是其他原因发生的工伤,都必须进行彻底的治疗,相关的费用不管花了多少,都应当依法予以报销,即"工伤索赔上不封顶"。

(9)劳动者在职业病防治中须承担的义务。

①认真接受用人单位的职业卫生培训,努力学习和掌握必要的职业卫生知识。

②遵守职业卫生法规、制度、操作规程。

③正确使用与维护职业危害防护设备及个人防护用品。

④及时报告事故隐患。

⑤积极配合上岗前、在岗期间和离岗时的职业健康检查。

⑥如实提供职业病诊断、鉴定所需的有关资料等。

重点:熟知职业安全卫生警示标志,禁止不安全的操作行为,正确使用个人防护用品。

(10)建筑企业常见职业病及预防控制措施。

①接触各种粉尘引起的尘肺病预防控制措施。

作业场所防护措施:加强水泥等易扬尘的材料的存放处、使用处的扬尘防护,任何人不得随意拆除,在易扬尘部位设置警示标志。

个人防护措施:落实相关岗位的持证上岗,给施工作业人员提供扬尘防护口罩,杜绝施工操作人员的超时工作。

②电焊工尘肺、眼病的预防控制措施。

作业场所防护措施:为电焊工提供通风良好的操作空间。

个人防护措施:电焊工必须持证上岗,作业时佩戴有害气体防护口罩、眼睛防护罩,杜绝违章作业,采取轮流作业,杜绝施工操作人员的超时工作。

③直接操作振动机械引起的手臂振动病的预防控制措施。

作业场所防护措施:在作业区设置预防职业病警示标志。

个人防护措施:机械操作工要持证上岗,提供振动机械防护手套,延长换班休息时间,杜绝作业人员的超时工作。

④油漆工、粉刷工接触有机材料散发不良气体引起的中毒预防控制措施。

作业场所防护措施:加强作业区的通风排气措施。

个人防护措施:相关工种持证上岗,给作业人员提供防护口罩,轮流作业,杜绝作业人员的超时工作。

⑤接触噪声引起的职业性耳聋的预防控制措施。

作业场所防护措施:在作业区设置防职业病警示标志,对噪声大的机械加强日常保养和维护,减少噪声污染。

个人防护措施:为施工操作人员提供劳动防护耳塞轮流作业,杜绝施工操作人员的超时工作。

⑥长期超时、超强度地工作,精神长期过度紧张所造成相应职业病的预防控制措施。

作业场所防护措施:提高机械化施工程度,减小工人劳动强度,为职工提供良好的生活、休息、娱乐场所,加强施工现场文明施工。

个人防护措施:不盲目抢工期,即使抢工期也必须安排充足的人员能够按时换班作业,采取 8h 作业换班制度,及时发放工人工资,稳定工人情绪。

⑦高温中暑的预防控制措施。

作业场所防护措施:在高温期间,为职工备足饮用水或绿豆汤、防中暑药品、器材。

个人防护措施:减少工人工作时间,尤其是延长中午休息时间。

提示:工作场所自觉做好个人安全防护。

四、工地施工现场急救知识

施工现场急救基本常识主要包括应急救援基本常识、触电急救知识、创伤救护知识、火灾急救知识、中毒及中暑急救知识以及传染病急救措施等，了解并掌握这些现场急救基本常识，是做好安全工作的一项重要内容。

1. 应急救援基本常识

(1)施工企业应建立企业级重大事故应急救援体系，以及重大事故救援预案。

(2)施工项目应建立项目重大事故应急救援体系，以及重大事故救援预案；在实行施工总承包时，应以总承包单位事故预案为主，各分包队伍也应有各自的事故救援预案。

(3)重大事故的应急救援人员应经过专门的培训，事故的应急救援必须有组织、有计划地进行；严禁在未清楚事故情况下，盲目救援，以免造成更大的伤害。

(4)事故应急救援的基本任务：

①立即组织营救受害人员，组织撤离或者采取其他措施保护危害区域内的其他人员。

②迅速控制事态，并对事故造成的危害进行检测、监测，测定事故的危害区域、危害性质及危害程度。

③消除危害后果，做好现场恢复。

④查清事故原因，评估危害程度。

2. 触电急救知识

触电者的生命能否获救，在绝大多数情况下取决于能否迅速脱离电源和正确地实行人工呼吸和心脏按摩。拖延时间、动作迟缓或救护不当,都可能造成人员伤亡。

(1)脱离电源的方法。

①发生触电事故时,附近有电源开关和电流插销的,可立即将电源开关断开或拔出插销;但普通开关(如拉线开关、单极按钮开关等)只能断一根线,有时不一定关断的是相线,所以不能认为是切断了电源。

②当有电的电线触及人体引起触电,不能采用其他方法脱离电源时,可用绝缘的物体(如干燥的木棒、竹竿、绝缘手套等)将电线移开,使人体脱离电源。

③必要时可用绝缘工具(如带绝缘柄的电工钳、木柄斧头等)切断电线,以切断电源。

④应防止人体脱离电源后造成的二次伤害,如高处坠落、摔伤等。

⑤对于高压触电,应立即通知有关部门停电。

⑥高压断电时,应戴上绝缘手套,穿上绝缘鞋,用相应电压等级的绝缘工具切断开关。

(2)紧急救护基本常识。

根据触电者的情况,进行简单的诊断,并分别处理:

①病人神志清醒,但感到乏力、头昏、心悸、出冷汗,甚至有恶心或呕吐症状。此类病人应使其就地安静休息,减轻心脏负担,加快恢复;情况严重时,应立即小心送往医院检查治疗。

②病人呼吸、心跳尚存在,但神志昏迷。此时,应将病人仰卧,周围空气要流通,并注意保暖;除了要严密观察外,还要做好人工呼吸和心脏挤压的准备工作。

③如经检查发现,病人处于"假死"状态,则应立即针对不同类型的"假死"进行对症处理:如果呼吸停止,应用口对口的人工呼吸法来维持气体交换;如心脏停止跳动,应用体外人工心脏挤

压法来维持血液循环。

a. 口对口人工呼吸法:病人仰卧、松开衣物——→清理病人口腔阻塞物——→病人鼻孔朝天、头后仰——→捏住病人鼻子贴嘴吹气——→放开嘴鼻换气,如此反复进行,每分钟吹气 12 次,即每 5s 吹气 1 次。

b. 体外心脏挤压法:病人仰卧硬板上——→抢救者用手掌对病人胸口凹腔——→掌根用力向下压——→慢慢向下——→突然放开,连续操作,每分钟进行 60 次,即每秒一次。

c. 有时病人心跳、呼吸停止,而急救者只有一人时,必须同时进行口对口人工呼吸和体外心脏挤压,此时,可先吹两次气,立即进行挤压 15 次,然后再吹两次气,再挤压,反复交替进行。

3. 创伤救护知识

创伤分为开放性创伤和闭合性创伤。开放性创伤是指皮肤或黏膜的破损,常见的有:擦伤、切割伤、撕裂伤、刺伤、撕脱、烧伤;闭合性创伤是指人体内部组织损伤,而皮肤黏膜没有破损,常见的有:挫伤、挤压伤。

(1)开放性创伤的处理。

①对伤口进行清洗消毒可用生理盐水和酒精棉球,将伤口和周围皮肤上沾染的泥沙、污物等清理干净,并用干净的纱布吸收水分及渗血,再用酒精等药物进行初步消毒。在没有消毒条件的情况下,可用清洁水冲洗伤口,最好用流动的自来水冲洗,然后用干净的布或敷料吸干伤口。

②止血。对于出血不止的伤口,能否做到及时有效地止血,对伤员的生命安危影响较大。在现场处理时,应根据出血类型和部位不同采用不同的止血方法:直接压迫——→将手掌通过敷

料直接加压在身体表面的开放性伤口的整个区域；抬高肢体——对于手、臂、腿部严重出血的开放性伤口都应抬高，使受伤肢体高于心脏水平线；压迫供血动脉——手臂和腿部伤口的严重出血，如果应用直接压迫和抬高肢体仍不能止血，就需要采用压迫点止血技术；包扎——使用绷带、毛巾、布块等材料压迫止血，保护伤口，减轻疼痛。

③烧伤的急救。应先去除烧伤源，将伤员尽快转移到空气流通的地方，用较干净的衣服把伤面包裹起来，防止再次污染；在现场，除了化学烧伤可用大量流动清水冲洗外，对创面一般不做处理，尽量不弄破水泡，保护表皮。

(2)闭合性创伤的处理。

①较轻的闭合性创伤，如局部挫伤、皮下出血，可在受伤部位进行冷敷，以防止组织继续肿胀，减少皮下出血。

②如发现人员从高处坠落或摔伤等意外时，要仔细检查其头部、颈部、胸部、腹部、四肢、背部和脊椎，看看是否有肿胀、青紫、局部压疼、骨摩擦声等其他内部损伤。假如出现上述情况，不能对患者随意搬动，需按照正确的搬运方法进行搬运；否则，可能造成患者神经、血管损伤并加重病情。

现场常用的搬运方法有：担架搬运法——用担架搬运时，要使伤员头部向后，以便后面抬担架的人可随时观察其变化；单人徒手搬运法——轻伤者可扶着走，重伤者可让其伏在急救者背上，双手绕颈交叉垂下，急救者用双手自伤员大腿下抱住伤员大腿。

③如怀疑有内伤，应尽早使伤员得到医疗处理；运送伤员时要采取卧位，小心搬运，注意保持呼吸道畅通，注意防止休克。

④运送过程中，如突然出现呼吸、心跳骤停时，应立即进行

人工呼吸和体外心脏挤压法等急救措施。

4.火灾急救知识

一般地说,起火要有三个条件,即可燃物(木材、汽油等)、助燃物(氧气等)和点火源(明火、烟火、电焊花等)。扑灭初起火灾的一切措施,都是为了破坏已经产生的燃烧条件。

(1)火灾急救的基本要点。

施工现场应有经过训练的义务消防队,发生火灾时,应由义务消防队急救,其他人员应迅速撤离。

①及时报警,组织扑救。全体员工在任何时间、地点,一旦发现起火要立即报警,并在确保安全前提下参与和组织群众扑灭火灾。

②集中力量,主要利用灭火器材,控制火势,集中灭火力量在火势蔓延的主要方向进行扑救,以控制火势蔓延。

③消灭飞火,组织人力监视火场周围的建筑物、露天物资堆放场所的未尽飞火,并及时扑灭。

④疏散物资,安排人力和设备,将受到火势威胁的物资转移到安全地带,阻止火势蔓延。

⑤积极抢救被困人员。人员集中的场所发生火灾,要有熟悉情况的人做向导,积极寻找和抢救被困的人员。

(2)火灾急救的基本方法。

①先控制,后消灭。对于不可能立即扑灭的火灾,要先控制火势,具备灭火条件时再展开全面进攻,一举消灭。

②救人重于救火。灭火的目的是为了打开救人通道,使被困的人员得到救援。

③先重点,后一般。重要物资和一般物资相比,先保护和抢救重要物资;火势蔓延猛烈方面和其他方面相比,控制火势蔓延

的方面是重点。

④正确使用灭火器材。水是最常用的灭火剂,取用方便,资源丰富,但要注意水不能用于扑救带电设备的火灾。各种灭火器的用途和使用方法如下:

酸碱灭火器:倒过来稍加摇动或打开开关,药剂喷出。适用于扑救油类火灾。

泡沫灭火器:把灭火器筒身倒过来,打开保险销,把喷管口对准火源,拉出拉环,即可喷出。适合于扑救木材、棉花、纸张等火灾,不能扑救电气、油类火灾。

二氧化碳灭火器:一手拿好喇叭筒对准火源,另一手打开开关既可。适合于扑救贵重仪器和设备,不能扑救金属钾、钠、镁、铝等物质的火灾。

干粉灭火器:打开保险销,把喷管口对准火源,拉出拉环,即可喷出。适用于扑救石油产品、油漆、有机溶剂和电气设备等火灾。

⑤人员撤离火场途中被浓烟围困时,应采取低姿势行走或匍匐穿过浓烟,有条件时可用湿毛巾等捂住嘴鼻,以便顺利撤出烟雾区;如无法进行逃生,可向建筑物外伸出衣物或抛出小物件,发出求救信号引起注意。

⑥进行物资疏散时应将参加疏散的员工编成组,指定负责人首先疏散通道,其次疏散物资,疏散的物资应堆放在上风向的安全地带,不得堵塞通道,并要派人看护。

5. 中毒及中暑急救知识

施工现场发生的中毒主要有食物中毒、燃气中毒及毒气中毒;中暑是指人员因处于高温高热的环境而引起的疾病。

(1)食物中毒的救护。

①发现饭后有多人呕吐、腹泻等不正常症状时,尽量让病人大量饮水,刺激喉部使其呕吐。

②立即将病人送往就近医院或打 120 急救电话。

③及时报告工地负责人和当地卫生防疫部门,并保留剩余食品以备检验。

(2)燃气中毒的救护。

①发现有人煤气中毒时,要迅速打开门窗,使空气流通。

②将中毒者转移到室外实行现场急救。

③立即拨打 120 急救电话或将中毒者送往就近医院。

④及时报告有关负责人。

(3)毒气中毒的救护。

①在井(地)下施工中有人发生毒气中毒时,井(地)上人员绝对不要盲目下去救助;必须先向出事点送风,救助人员装备齐全安全保护用具,才能下去救人。

②立即报告工地负责人及有关部门,现场不具备抢救条件时,应及时拨打 110 或 120 电话求救。

(4)中暑的救护。

①迅速转移。将中暑者迅速转移至阴凉通风的地方,解开衣服,脱掉鞋子,让其平卧,头部不要垫高。

②降温。用凉水或 50%酒精擦其全身,直到皮肤发红、血管扩张以促进散热。

③补充水分和无机盐类。能饮水的患者应鼓励其喝足量盐开水或其他饮料,不能饮水者,应予静脉补液。

④及时处理呼吸、循环衰竭。呼吸衰竭时,可注射尼可刹明或山梗茶硷;循环衰竭时,可注射鲁明那钠等镇静药。

⑤医疗条件不完善时,应对患者严密观察,精心护理,送往附近医院进行抢救。

6.传染病急救措施

由于施工现场的人员较多,如果控制不当,容易造成集体感染传染病。因此需要采取正确的措施加以处理,防止大面积人员感染传染病。

(1)如发现员工有集体发烧、咳嗽等不良症状,应立即报告现场负责人和有关主管部门,对患者进行隔离加以控制,同时启动应急救援方案。

(2)立即把患者送往医院进行诊治,陪同人员必须做好防护隔离措施。

(3)对可能出现病因的场所进行隔离、消毒,严格控制疾病的再次传播。

(4)加强现场员工的教育和管理,落实各级责任制,严格履行员工进出现场登记手续,做好病情的监测工作。

参 考 文 献

[1] 中华人民共和国住房和城乡建设部. 建筑施工模板安全技术规范(JGJ 162—2008)[S]. 北京:中国建筑工业出版社,2008.

[2] 建设部干部学院. 木工. [M]. 武汉:华中科技大学出版社,2009.

[3] 建筑工人职业技能培训教材编委会. 木工(第二版)[M]. 北京:中国建筑工业出版社,2015.

[4] 中国工程建设标准化协会. 建筑装饰工程木制品制作与安装技术规程(CECS288:2011)[S]. 北京:中国计划出版社,2011.

[5] 中华人民共和国住房和城乡建设部. 木结构工程施工规范(GB/T 50772—2012)[S]. 北京:中国建筑工业出版社,2012.

[6] 中华人民共和国住房和城乡建设部. 木结构工程施工质量验收规范(GB 50206—2012)[S]. 北京:中国建筑工业出版社,2012.

[7] 中华人民共和国住房和城乡建设部. 建筑施工安全技术统一规范(GB 50870—2013)[S]. 北京:中国建筑工业出版社,2014.

[8] 建设部人事教育司. 木工[M]. 北京:中国建筑工业出版社,2002.